游戏为什么好玩

游戏设计的奥秘

王亚晖——著

A SIMPLE INTRODUCTION TO GAME MECHANICS

U0167749

人民邮电出版社

北 京

图书在版编目（CIP）数据

游戏为什么好玩 : 游戏设计的奥秘 / 王亚晖著. --
北京 : 人民邮电出版社, 2023.3
ISBN 978-7-115-60031-8

Ⅰ. ①游… Ⅱ. ①王… Ⅲ. ①游戏程序－程序设计
Ⅳ. ①TP317.6

中国版本图书馆CIP数据核字(2022)第166807号

内 容 提 要

　　本书是通俗介绍"游戏机制"与"游戏设计思维"的普及读物。书中以回答"游戏
为什么好玩"这一问题为线索，从游戏设计者与游戏玩家两个角度，详细分析了经典游
戏机制的设计思路与实际效果，并结合不同时代的经典游戏作品，从空间、时间、金钱、
道具、技能、任务、收集等角度，对机制中的细节做了深入评析。此外，作者还梳理了
游戏机制研究中的经典理论与设计模式。本书可作为游戏策划等相关从业者的入门读物，
也适合游戏玩家和对游戏机制感兴趣的读者阅读参考。

◆ 著　　　　王亚晖
　　责任编辑　武晓宇
　　责任印制　胡　南
◆ 人民邮电出版社出版发行　　北京市丰台区成寿寺路11号
　　邮编　100164　电子邮件　315@ptpress.com.cn
　　网址　https://www.ptpress.com.cn
　　北京九州迅驰传媒文化有限公司印刷
◆ 开本：720×960　1/16
　　印张：16.75　　　　　　　2023年3月第1版
　　字数：230千字　　　　　　2024年11月北京第6次印刷

定价：88.80元
读者服务热线：(010)84084456-6009　印装质量热线：(010)81055316
反盗版热线：(010)81055315
广告经营许可证：京东市监广登字20170147号

人都爱游戏。郭沫若的甲骨文研究著作《卜辞通纂》里就提到："殷王好田猎，屡有连日从事田游之事……然足见殷时之田猎已失去其生产价值，而纯为享乐之事矣。"也就是说，在商朝时期，殷王就已经沉迷于田猎游戏。在之后几千年的时间里，游戏类型经历了天翻地覆的变化，但一直没有脱离让人开心的本质。本书就是为大家讲一讲，到底为什么游戏会让人开心。

我们把焦点主要放在电子游戏上。先从《超级马力欧兄弟》这款优秀的游戏作品开始讲起。

有个简单的问题：在游戏的开始，玩家是怎么知道如何控制角色前进方向的呢？或者换句话说，玩家怎么知道要往哪里走？

在阅读本书之前，可能大部分读者没有认真思考过这个问题。其实道理很简单，马力欧出现在屏幕的最左边，而脸朝右，这就暗示了玩家只可以朝右行走。当然，你朝左行走也会立刻发现此路不通。朝右走了两步后，会发现头顶某个方块上有一个问号，显而易见，这里一定有什么问题，顶一下之后发现会出来金币。这就告诉玩家，顶有问号的方块会出现奖励。紧接着，一只"栗宝宝"朝你走来，仔细观察一下，从表情可以看出来这家伙应该不是好人，然后你会下意识躲避。当然，如果不躲避也没事，大不了就是一死。角色死亡后，你可以在很近的地方重新开始。

如果你顶过前面那个方块,那么已经知道了怎么跳跃,于是这里就可以通过跳跃的方式躲避"栗宝宝"。如果你不小心踩到它的头上,会发现可以直接踩死它,这样你就知道了原来这个游戏是可以攻击敌人的。之后,你会开心地尝试跳跃功能,并发现可以顶碎头上的方块,原来没有问号的方块是可以顶碎的。再往前走,你会发现顶某个有问号的方块可以出来一个蘑菇,但是你不确定蘑菇是否有毒。无论有没有毒,大部分玩家可能会直接吃掉它,或者反应不过来被迫吃掉,然后会发现马力欧变大了。此时,你就知道蘑菇是没有毒的,而且是有用的,只是马力欧变大对后面有什么影响现在还不知道,但无论如何这看起来很厉害。

以上这一切发生在 10 秒以内,这些内容可能很多读者看到过,因为绝大多数游戏策划课程,第一节课要讲这些。

这 10 秒钟是游戏产业至今最好的入门教程设计,或者说引导设计。自始至终没有任何的文字提示,但是可以在 10 秒钟的时间里教会玩家上手这款游戏。我称它为"非提示性引导",或者说"自我发掘式引导"。那个时代的游戏都是有说明书的,虽然大部分玩家不会去看,却依然可以顺利地开始游戏。

在游戏行业里,有一个专有名词"世界 1-1",这个词指代的就是《超级马力欧兄弟》的第一关。绝大多数欧美国家的游戏策划,无论在上学时还是在职业生涯期间都会完整复盘这一关的内容,可见这一关在游戏行业有多重要。除了前面提到的那 10 秒钟以外,这一关几乎涉及了游戏产业中能想到的绝大多数设计技巧,比如后面就会看到 3 根管道,这 3 根管道的高度和距离是不同的,这是让玩家练习和理解自己的跳跃能力。玩家会明白游戏里的跳跃有大跳、小跳和助跑跳,每一种跳跃方式都可以通过按键时间的长短来控制。之后玩家还会发现,吃了蘑菇、花、星星等道具,会获得变大、攻击、无敌等效果;敌人的类型是多种多样的;甚至在之前玩家以为没有奖励的砖块里也会出现惊喜。

我前面一直回避一个词，而现在这个词很适合在这里解释一下，它就是游戏机制（Game Mechanics）。到底什么是游戏机制？机制和规则（Rules）到底有什么区别？

这两个问题并不难，从一般意义上来说，明确告诉玩家，可以写到产品包装盒和说明书上的就是规则，而那些需要玩家在游戏内发掘的就是机制。**规则是清晰的、宏观的，而机制是隐藏的、精密的。**在《超级马力欧兄弟》里，你救出公主就算获胜，这是规则，而其间你需要跑步、跳跃障碍、吃蘑菇以及躲避各种敌人，这些你需要经历的都是机制。

前文提出的那些元素，游戏过程中经历的一切都可以细化成机制。

对于大部分游戏从业者来说，规则和机制的区分并不算明确，但这个话题值得深究。简而言之，在游戏一开始，**开发者需要让玩家理解的是游戏规则，而游戏机制需要玩家在游戏过程里一点一点地发掘。**站在这个角度来说，**游戏一开始需要理解的规则越简单越好，而游戏机制需要在整个游戏过程里尽可能给玩家带来更多的乐趣。**

这就是一种非常典型的围绕游戏机制的思考方式，游戏设计本身就是为了调动玩家的参与兴趣。

这也是本书要回答的一个问题：游戏为什么好玩？

在正文开始前，还需要提及另外一个很重要的概念。

游戏行业有一个被人普遍认同的设计逻辑叫作"游戏循环"，包括学习、尝试、应用、精通四个步骤。这也是《超级马力欧兄弟》这款游戏设计上的核心思想，宫本茂在接受采访时曾经提到过："我们在制作《超级马力欧兄弟》时，首先会确定地图大小，然后再尝试向其中添加挑战者要素。《超级马力欧兄弟》的任何一个挑战要素都一定具备学习的场所、实际尝试的场所、应用的场所和练至精通的场所。"虽然说起来简单，但这才是真正意义上好的游戏机制的设计方法。

绝大多数的游戏本身和游戏机制可以归纳为一个游戏循环，而如何设计一个优秀的游戏循环也是游戏设计者需要考虑的核心问题。

在正文开始前还是强调一下，本书的目标阅读群体是新人游戏开发者、游戏玩家和对游戏机制感兴趣的人。本书不会讲任何太深奥的游戏开发问题，更不会讲游戏怎么赚钱。

Contents 目录

第 1 章

空　间

《俄罗斯方块》、三消游戏和连连看的空间限制

从有游戏开始（这里指的不仅仅是电子游戏，还包括传统游戏），空间就一直是最重要的机制，甚至可以说空间机制是游戏的原点。玩家争夺空间的所有权，就是一种游戏玩法。

围棋就是典型的空间机制游戏。先秦典籍《世本·作篇》提到"尧造围棋，丹朱善之"，表明围棋在 4000 多年前就已经存在。经过几千年的发展，围棋演变为现今对弈的双方在 361 个点上争抢空间的游戏。围棋之所以流传数千年，也是因为它有一个很容易解释清楚的规则——只要在棋盘上尽可能地获取更大的空间就可以。但是围棋又有一系列需要人反复钻研的复杂机制，上千年来无数人沉迷其中。**好的游戏都是用简单的规则衍生出复杂的机制的。**

围棋和中国象棋、国际象棋、将棋相比有个非常明显的区别，即围棋最终不是通过吃掉对方的固定棋子来获胜，这就进一步增加了游戏的复杂程度，也使得围棋更加接近我们所熟悉的使用了空间机制的电子游戏。

如果对围棋的规则不是太熟，那我们换个很多人小时候玩过的在 3×3 的格子里画叉和圈的游戏，这也是典型的将空间争夺机制作为核心玩法的游戏。这类游戏的普遍特点就是占有空间的多少是决定胜利与否的唯一标准。

进入电子游戏时代以后也是如此。

早在 1975 年，电子游戏时代刚刚开始时，就有了使用空间机制的游戏。这一年，史蒂夫·乔布斯（Steve Jobs）和史蒂夫·沃兹尼亚克（Steve Wozniak）还没有创建苹果公司，两人在当时的游戏巨头雅达利（Atari）[1] 上

---

[1] 雅达利是美国诺兰·布什内尔（Nolan Bushnell）在 1972 年成立的游戏公司，是街机、家用电子游戏机和家用电脑游戏的早期拓荒者。

班，开发了一款名为《打砖块》(*Breakout*)[①]的游戏。游戏玩法也很简单，球碰到砖块后砖块会消失，球落到屏幕下方会失去一颗球，球碰撞后可以反弹，用球把砖块全部消去就可以过关。这款游戏使用了最简单的游戏机制和规则，它有玩家可控的元素且该元素在控制上存在操作难度、有明确的失败条件、有明确的获胜条件。这些也是构成一款游戏最基本的要素。而同样重要的是，这款游戏也成功利用了空间机制，玩家的目的就是消除所有的砖块。

《打砖块》的出现，开创了电子游戏空间机制的时代。那时的设备普遍表现力有限，不需要太多画面，媒体和玩家还都在以玩法评价一款游戏的优劣，最为单纯的空间机制得以大展身手。

1984 年，阿列克谢·帕基特诺夫（俄语：Алексе́й Леони́дович Па́житнов；英语：Alexey Pazhitnov）在工作之余制作了一款小游戏——《俄罗斯方块》（俄语：*Тетрис*；英语：*Tetris*）[②]。一些特殊的时代原因导致这款游戏出现了一系列复杂的版权问题，甚至是一系列近乎混乱的法律纠纷，这些纠纷就不在本书中讲了。但这种背景依然没有影响这款游戏风靡世界，这背后只有一个原因——好玩。

《俄罗斯方块》是一款近乎教科书般利用空间机制的游戏，但《俄罗斯方块》也是特殊的，它的游戏机制最另类的地方在于**成就会消失，而错误会积累**。

空间机制游戏最主要的乐趣在于空间的有限性，当空间全部被消耗就意味着游戏结束（胜利或者失败），这是所有这类游戏的基础规则。而好的机制就要合理地利用这个规则。

---

① 《打砖块》是一款由雅达利创始人布什内尔和史蒂夫·布里斯托（Steve Bristow）构思的街机游戏。*Pong* 开发者艾伦·奥尔康（Allan Alcorn）为此游戏开发工作的负责人，并于 1975 年与 Cyan Engineering 合作开发此游戏。同年，奥尔康委任乔布斯设计此游戏的街机原型，之后乔布斯和沃兹尼亚克一起完成了开发。

② 《俄罗斯方块》是苏联科学家阿列克谢·帕基特诺夫利用空闲时间所编写的，在 1984 年 6 月 6 日发表的游戏。它的俄语原名来源于希腊语 tetra（意为"四"），而游戏的作者最喜欢网球，于是，他把 tetra 与 tennis（网球）结合，造了"tetris"一词，之后开始提供授权给各家游戏公司。

电子游戏和传统游戏最本质的区别是电子游戏可以创造相对客观的随机性，而传统游戏的随机性主要靠对手创造。比如围棋里的随机性主要取决于对手的下一步棋走到哪里，这也就是为什么传统游戏基本是双人对弈游戏。而电子游戏可以通过计算机创造随机性，《俄罗斯方块》就是利用了计算机的这种特性。关于随机性的话题后文会有专门的章节讲到，这里就不多说了。

不同形状的方块随机下落，玩家控制方块的方向，填满一排后消除，如果空间填满则游戏结束，这就是《俄罗斯方块》最核心的机制组合，简单，但是有趣。在此之后，出现了一系列的模仿游戏——随机产生元素，玩家消除元素，当元素填满后游戏结束。也是因为受到了《俄罗斯方块》的影响，早期游戏大部分是下落式消除游戏，新的方块都是从上方落下的，当然这种设计也符合我们对重力的基本认知。

以《俄罗斯方块》为主的下落方块类游戏的游戏性体现在三点。

1. 随机性带来的惊喜感。

2. 消除方块后带来的成就感。

3. 空间的减少带来的紧迫感。

也就是说，**好玩的游戏一定不是只有单一的机制和单一的游戏性体现，而是需要一系列相关机制合适地组合在一起。**这里还有个题外话，什么是游戏性？学术界认为游戏性是判断一种活动是不是游戏的标准，简单来说，就是是否足够好玩。

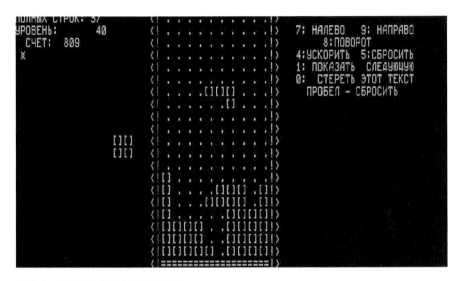

图 1-1　早期平台上的《俄罗斯方块》

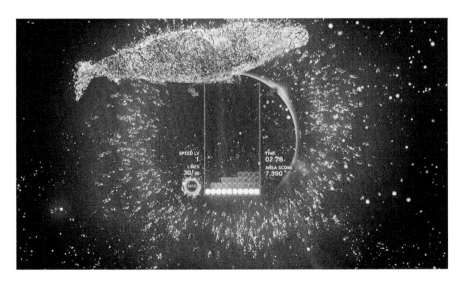

图 1-2　2018 年的《俄罗斯方块效应》

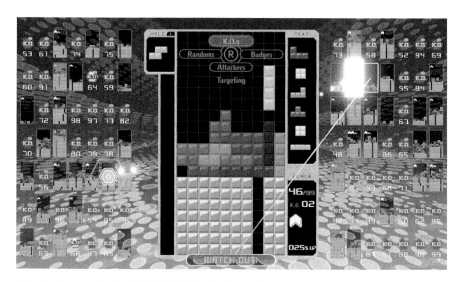

图1-3   2019年有联机对战模式的《俄罗斯方块99》

　　《俄罗斯方块》之后同类型游戏最成功的是1990年任天堂的《马力欧医生》(*Dr. Mario*)，游戏的主界面被做成玻璃瓶，每一关开始时里面会分布着红、黄、蓝三种颜色的细菌，而类似于《俄罗斯方块》里方块的道具是由红、黄、蓝三种颜色组合而成的胶囊。玩家操作下落的胶囊，当包含细菌本体在内，横向或竖向达成四格同一颜色时，该细菌就会被消除。

　　和《俄罗斯方块》相比，这款游戏进步的地方有两点：一是加入了故事背景，玩家操纵的是马力欧医生，通过给药来消灭细菌，增强了玩家的代入感（这也是电子游戏增强代入感最简单的方法）；二是加入了颜色机制，消除不再是通过外形组合来实现，而是通过颜色。颜色机制可以说是《马力欧医生》对未来行业最大的贡献，正是这个机制，促使日后最重要的游戏品类——"三消游戏"诞生。本书没有专门去讲颜色机制，但其实通过颜色区分事物是人类的本能之一，只是可以拓展的游戏至今都比较少，应用范围相对狭窄。

图 1-4　《马力欧医生》

注：虽然《马力欧医生》不是第一个利用颜色机制的，但它是日后三消游戏诞生最重要的参考，毕竟这是一款销量达到 350 万套的超级畅销游戏。

　　1991 年，一家名为 Compile 的小公司制作的《噗呦噗呦》爆红，该游戏也使用了类似的消除机制。这款游戏和《马力欧医生》的游戏机制过于相似，所以一度引起巨大的舆论争议，但依然取得了不错的销量成绩。这家公司后来破产，该游戏的版权被卖给了世嘉①。时至今日，《噗呦噗呦》系列依然在出新作品，是消除类游戏里真正的常青树。

　　然而当时的游戏基本还是以下落机制为主，最主要的创新是换了下落的方向。那时有游戏把从上方下落改成了从左侧或者右侧甚至下方进入，只能称得上是微创新。

　　最有代表性的大型创新来自《泡泡龙》(Puzzle Bubble)，这款游戏

---

① 世嘉株式会社（日语：株式会社セガ；英语：SEGA Corporation）是日本一家电子游戏公司。曾经是世界知名的游戏机生产厂商，但效益堪忧，于 2001 年放弃游戏机业务，转型为单纯的游戏软件生产商。

1994 年诞生自日本另一个游戏巨头 Taito[①]。其实这款游戏是传统《泡泡龙》系列的外传类作品，《泡泡龙》系列的正篇是类似《冒险岛》的横板过关游戏，但谁也没想到这款外传类作品成了这个系列影响力最大的游戏。这款游戏把从上方下落的形式换成了从下方出现，当然还有很多其他创新，比如玩家只能控制元素出现的方向；每次出现的元素只有一个但通过颜色区分；当三个元素颜色一样的时候，就可以消除。这也是三消机制早期比较成功的应用示例。

　　之所以是凑齐三个消除，而不是两个和四个，是因为两个太容易，四个又太难了。凑齐三个更像是一种经验主义下的产物。

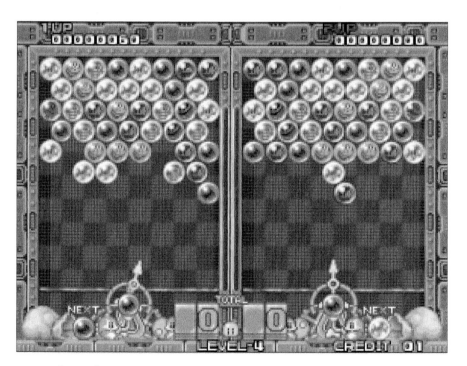

图 1-5　《泡泡龙》意外成为整个系列影响力最大的游戏

---

① 株式会社タイト　，成立于 1953 年，曾经是日本街机行业的巨头，2005 年被史克威尔·艾尼克斯公司收购。

　　1995 年，任天堂的《耀西俄罗斯方块》（*Tetris Attack*）上市，这个用了《俄罗斯方块》名字的游戏成为最早支持通过换位置来实现消除的游戏，这个创新也为日后的三消游戏提供了另外一个机制上的启发：除了从天而降的方块，空间内的方块位置也是可以调整的。这也是空间机制里一个重要的应用：**空间内元素的调整和置换**。

图 1-6　《耀西俄罗斯方块》里白色方块区域的两个方块是可以交换位置的

　　之后，主机平台上，消除类游戏进入了一段漫长的沉寂期，既没有出现太多的爆款，也缺乏足够的创新。我们回顾那段历史会发现，出现这种情况有很明显的时代背景原因，最主要的是进入 20 世纪 90 年代以后，游戏市场开始走向明显的"大作化"，这种小而美的游戏并不太受主流市场的欢迎，这也是连《马力欧医生》这种超级大热的游戏都没有出过续作的主要原因。

　　这期间，利用空间机制的另外一类游戏突然爆红，就是我们常说的"连连看"游戏。游戏一开始直接给出一个被填满的空间，玩家需要在空间里找到两个相同的元素连在一起后消除，直到清空这个空间。也就是说，这款游戏使用了一个和其他空间机制游戏完全相反的开局，但是胜利机制类似，都是要保证空间里的元素尽可能少。

　　关于连连看类游戏有个很有趣的题外话，那就是这类游戏的英文名到底是什么。

　　其实绝大多数欧美玩家称呼这类游戏为"麻将"（Mahjong）、"上海"（Shanghai）或者"四川"（Sichuan），这三个名字都是这类游戏的简称。之所以叫这些名字，是因为早期连连看游戏大量使用了麻将牌的牌面，最受欢迎的系列名字就叫作"上海"。日本曾经有过一个爆红的街机连连看游戏，为了独树一帜就叫作"四川"。从游戏本身来说，现今绝大多数连连看游戏继承自"四川"游戏。

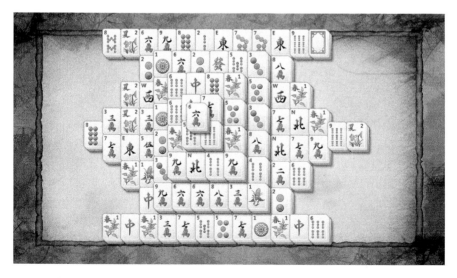

图1-7　在欧美和日本玩家眼里，这种麻将游戏就是连连看游戏的原型

而这种模式在大陆火爆是因为一款名为《连连看》的小游戏。该游戏使用了《精灵宝可梦》的美术元素，但是因为一些问题并没有正式发行。这款游戏和外国那些麻将游戏最主要的区别是简化了规则，没有了复杂的分层关系，玩家只需要找两个一样的连起来就可以。这款游戏也为游戏行业提供了一个简单的思路，即只要换一个牌面，那就是一款全新的游戏，于是也出现了各种奇怪主题的连连看游戏。

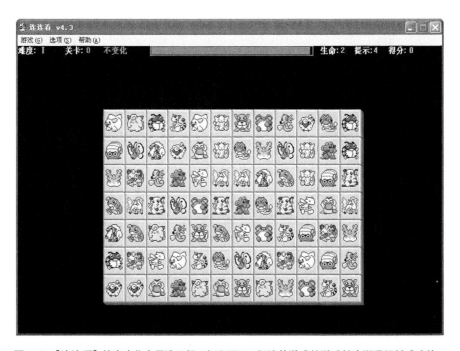

图 1-8 《连连看》的真实作者是谁已经不好考证了，但这款游戏从游戏性来说是极其成功的

2001 年，宝开游戏[①]（PopCap Games）的《宝石迷阵》（*Bejeweled*）上市，成为日后三消游戏的"教科书"，游戏的核心玩法只有三个。

1. 换位：在游戏画面里，玩家选中的两个相邻的宝石位置发生互换。

---

① 宝开游戏是一家美国休闲游戏开发商和发行商，总部设在华盛顿州西雅图市。它由约翰·维奇（John Vechey）、布莱恩·菲特（Brian Fiete）和杰森·卡帕卡（Jason Kapalka）于 2000 年成立，在上海、旧金山、芝加哥、温哥华和都柏林设有研发基地。

2. 消除：交换位置后如果横排或竖排有连续三个或三个以上相同的宝石，则这几个相同的宝石消去。

3. 连锁：宝石消去后，上面的宝石掉下来补充空位。这时如果出现连续三个或三个以上相同的宝石，则这些宝石还会继续消去。消除后还可以重复这个过程。

其中最能让玩家产生游戏快感的是连锁机制。当玩家一次操作后可以获得多次连续消除的机会，成就感也是成倍增加的，**之后的连锁反应都是对第一次操作的奖励**，而奖励机制也是最重要的游戏机制，是驱使玩家一步一步坚持下去的最好动力。连锁机制也是日后所有空间消除类游戏都会采用的核心机制。

《宝石迷阵》也为之后三消游戏提供了最重要的参考，甚至可以说开创了这个游戏品类的市场。《蒙特祖玛的宝藏》系列则将三消游戏的美术水平推到了一个新高度。

图 1-9 《宝石迷阵》和现在玩家玩到的三消游戏区别不大了

图 1-10 《蒙特祖玛的宝藏》系列将三消游戏的美术水平推到了一个新高度

在消除类游戏上尝到甜头的宝开游戏在 2004 年又制作了《祖玛》，该游戏成为消除类游戏的另一个爆款。这款游戏的主要玩法是：鼠标控制位于地图中央的青蛙吐球，左键发射小球，有三个以上相同颜色的小球相连即可消去，看起来就像是一个能 360 度旋转的《泡泡龙》。当然，这款游戏也加入了和《宝石迷阵》一样的连锁机制，而这个连锁机制的完美应用也成为该游戏最大的卖点。

《祖玛》还涉及游戏行业一个比较典型的侵权案例。这款游戏的原型是日本游戏公司 Mitchell 于 1998 年制作的 *Puzz Loop*，Mitchell 曾经考虑过起诉宝开游戏，但是跨国官司极其复杂，Mitchell 也并不是一家有很强资金实力的大公司，因此最终选择了放弃。当然，严格意义上来说，这两款游戏其实算不上谁抄袭谁，《祖玛》也有很多远胜于 *Puzz Loop* 的地方，比如游戏里的轨道更加复杂，甚至有层叠关系。

这个玩法之后也衍生出一系列相似的游戏。

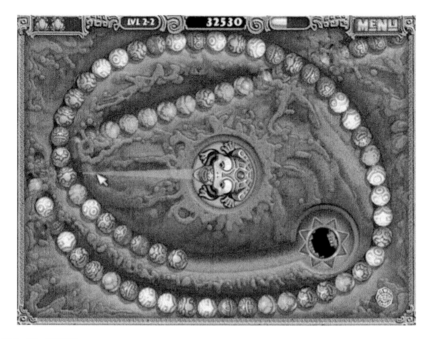

图 1-11   《祖玛》

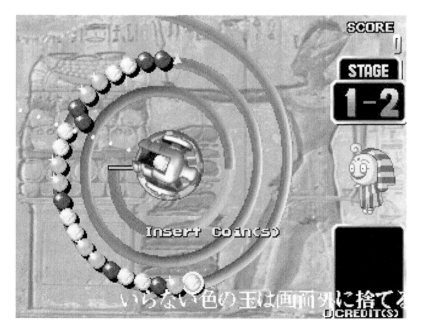

图 1-12   *Puzz Loop* 和《祖玛》的核心玩法几乎一模一样

　　进入手机游戏时代，三消游戏成为游戏市场休闲游戏的绝对主流。这背后有一个重要原因，即智能手机游戏有触摸这个特殊的操作方式，而触摸方式有个很典型的体验是，**低敏感度的操作提供正反馈，高敏感度的操作提供负反馈**。手机上一直有类似《祖玛》的游戏，但是一直火不起来就是因为这一点。《祖玛》这种需要 360 度判定的游戏对操作的精细度要求过高，大部分休闲游戏的玩家不愿处理这种细节过多的操作，但是对于三消游戏来说，只交换两个元素的操作非常简单，也就更加适合手游玩家。

　　值得一提的是，三消游戏在发展过程中出现了两个明显的分支。一是计步玩法，玩家在有限的步数内完成消除；二是计时玩法，玩家在有限的时间内尽可能多地消除。这两种限制模式导致这两种游戏的类型和核心玩法几乎截然不同，计步玩法更接近一款策略游戏，而计时玩法是一款比反应力的动作游戏。从结果来说，绝大多数普通玩家对反应类游戏的兴趣更大，而越接近策略游戏的机制，会让游戏越偏向核心玩家的口味。

　　日后，三消的玩法开始和其他类型的游戏融合，例如《智龙迷城》，用三消替代了游戏的战斗环节。这里说个题外话，传统 RPG 面临的最大的创作困局就是战斗环节的模式化。而现在，战斗环节本质上也是一个抽象的模拟，除了《智龙迷城》这种用三消来代替的以外，还有像《极乐迪斯科》这种用问题对话来代替的。

　　在其他游戏里，空间限制类的机制我们也经常可以看到。例如《绝地求生》等"吃鸡"类游戏，其缩圈机制就是最标准的空间机制的使用。如果没有这个机制，那么一场游戏的时间可能长达数小时，到游戏后期玩家可能互相遇不到对方，正是缩圈机制逼迫玩家相遇和战斗。事实上，《绝地求生》的核心机制和我们小时候玩的"抢椅子"是一样的。而在《喷射战士》里，占据的空间是判断胜负最主要的因素，而不是击倒敌人。

　　另外一个典型的例子是 MOBA（Multiplayer Online Battle Arena，多人在线战术竞技）类游戏的地图。

　　MOBA 类游戏的地图设计也应用了大量的空间机制。最为典型的一点就是，标准的 MOBA 类游戏地图的中间点都是一个十字路口，而十字路口的设计除了增加通路数量，丰富战术以外，在现实世界里，十字路口还代表了无序和冲突，这种对场景的暗示也会被带入游戏当中，很多游戏会下意识地使用这种设计。

　　MOBA 类游戏另外一个很经典的空间机制就是不可见空间的范围。比如在《英雄联盟》里，游戏内有两种不可见范围：一种是草丛，除非两人共处一个草丛里，否则草丛外的人是看不到草丛里的人的；另一种是战争迷雾，在没有我方单位的范围内，会有一层迷雾效果遮挡敌方动态，玩家只能看到地形，看不到敌方单位。

　　战争迷雾这个词本来就是个军事词汇，甚至在军事战术上有极高的价值，大部分国家拼命发展雷达技术也是为了尽可能获取对方的信息。在游戏内同样如此，在《英雄联盟》的高段位比赛和职业赛场上，几乎就是在围绕游戏内视野作战。

　　游戏内有特殊道具"眼"，玩家可以通过眼来探知一定范围内是否有敌人，而每个人携带和可使用的眼的数量又是有限的，所以在游戏里什么时候使用眼，也成为高水平玩家需要思考的问题。

　　最基本的战术就是，玩家在前期需要保证自己周围的河道处有足够的视野，防止自己被其他人抓到；而在游戏内公共资源刷新的时间点上，周围也要有足够的视野，确保可以获取充足的信息。

　　DotA 里视野的使用更加丰富，游戏里野区的怪物会每分钟刷新，但是当怪物周围有视野的时候就不会刷新。于是，DotA 里用眼进行"封野"让特定地点的怪物不刷新也成为重要的战术。

　　战争迷雾、草丛和"封野"本质上就是利用空间压缩机制来产生游戏乐趣。

　　在之后的内容里，我会更为详尽地阐述空间机制的使用。这里需要记住的只有一点：**空间机制游戏性的核心要素就是空间的有限性。**

地下城和空间的嵌套

不知道读者有没有玩过桌游，比如《大富翁》（*Monopoly*）或者跑团类的桌游。这类桌游有个非常典型的设计就是一定会给玩家一张地图，玩家的活动区域就限制在这个地图内。在有电子游戏之前，这是欧美宅男最喜欢的游戏，而电子游戏也继承了很多传统桌游的概念，其中就包括地图的概念。

在绝大多数电子游戏里，首先确定的是玩家有一个可以活动的空间，就是玩家的地图空间，尤其在 RPG 里这是非常典型的应用。而传统 RPG 里的地图空间都有明确的嵌套关系，所有情景并不是完全发生在一个平面上的。

其中最经典的就是地下城（Dungeon）的设计，这里指的是那些独立于游戏主地图，充满**怪物**和**迷宫**的空间。要强调的一点是，"地下城"只是一个针对这类地图的代称，并不一定是地下空间，有很多地下城的表现形式是地上甚至是天上的空间。

1981 年，《巫术》《魔法门》《创世纪》系列开启欧美 RPG 之路，《勇者斗恶龙》和《塞尔达传说》点燃日本 RPG 之火，《仙剑奇侠传》《轩辕剑》《剑侠情缘》成为中国 RPG 最成功的"三剑"。这些游戏都没有脱离地下城，甚至地下城一直都是 RPG 最核心的元素。

提到地下城就很难不提到迷宫。

早期游戏里地下城的核心玩法就是走迷宫，这也是那个时代最折磨游戏玩家的一件事。当时的游戏中不可避免地出现大量迷宫的主要原因是，当时游戏主机的机能受限，迷宫是延长游戏时间最好的办法。迷宫越复杂，玩家玩的时间越长，越会觉得赚了，当然这仅限于早期游戏，现在的玩家基本上无法接受那么复杂的迷宫。

　　南梦宫在推出《铁板阵》[①]（*Xevious*）后，成为世界上数一数二富有的游戏公司，资金上的保障让他们开始尝试更多复杂甚至有风险的游戏风格，其中一款作品是《铁板阵》的制作人远藤雅伸负责开发的《多鲁亚加之塔》。这款游戏被认为是世界上第一款 ARPG，当然，时至今日我们再看这款游戏会发现，这就是一款单纯走迷宫的游戏。在之后很长时间里，ARPG 都以走迷宫为核心玩法。

　　老一批的游戏设计师会在地下城里加入很多自己的小心思，比如跟地下城相关的还有一个可视范围的问题，**越紧凑、可视范围越小的地图，越容易给玩家带来压迫感。**

图 1-13　从《多鲁亚加之塔》开始，ARPG 就在走迷宫

① 《铁板阵》是游戏史上第一款直向卷轴式的射击游戏，南梦宫因这款游戏的热卖，建造了一座被称为"铁板阵大楼"的新办公楼。

典型案例是《暗黑破坏神》前两部，安全区域和地下城的可视范围是不同的，地下城的可视范围明显更小，因此《暗黑破坏神 2》的地下城让玩家感到强烈的压迫感。而到了《暗黑破坏神 3》，游戏地图整体设计得比较空旷，这种压迫感也就消失了，这也是《暗黑破坏神 3》地图设计较为失败的地方。也就是说，地下城的设计也和游戏内容的表达息息相关。

但这种以迷宫为主的游戏方式越来越引起玩家的反感。之后随着游戏主机机能的提升，迷宫这一要素被逐渐弱化。主打复古怀旧的 JRPG《歧路旅人》(Octopath Traveler)，都没敢做太多的迷宫，而传统的 RPG，像《最终幻想》和《勇者斗恶龙》系列已经把迷宫弱化到了最低程度。

虽然迷宫少了，但是地下城的概念一直存在。因为迷宫是地下城的众多元素之一，却不是唯一元素。很多地下城不是迷宫型的，比如解密和 Boss 战也可以成为地下城的元素，甚至单独的故事线索都是地下城经常有的元素。

地下城的存在主要有四个原因。

1. **RPG 的核心是故事性和人物塑造，而这两点很难填充起游戏时长。**比如中国玩家最熟悉的《仙剑奇侠传》系列，哪怕口碑最好的第一部，如果没有地下城，游戏时间也可能不会超过 1 个小时，主要消磨玩家时间的就是一个接一个的地下城。从游戏机制上来说，地下城起到了让玩家觉得花钱值得的作用。

2. **一款 RPG 想要成功，很重要的一点就是让玩家对于主角有代入感，代入感最好的设计是让玩家和主角有共同成长的体验。**在地下城里设置困难就是创造这种体验的最好方式，当然并不是唯一方式。

3. **玩家需要在游戏里找到成就感，其中成就感最重要的来源就是"我战胜了敌人"和"我完成了挑战"。**地下城就是这个挑战最直观的体现，一轮又一轮的敌人或者高难度的解谜设计，都可以让玩家在成功后获得前所未有的成就感。也就是说，只要地下城设计得好，那么走出地下城本身就是一种对玩家的奖励机制。

4. **地下城本身是可以作为故事线索存在的**。以中国玩家熟悉的《仙剑奇侠传》为例，在需要找到 36 只傀儡虫时，玩家要在地下城里反复战斗。这个战斗过程凸显了傀儡虫的价值，也渲染了李逍遥对林月如感情的执着。

时至今日，哪怕 RPG 已经开始普遍制作开放世界的地图，甚至地图没有了明确的层级划分，但还是会有类似地下城的设计存在。比如在《巫师 3》和《刺客信条：奥德赛》里，都有专门的长时间的连续战斗内容，也是为了达到和地下城一样的效果；《塞尔达传说：旷野之息》里还保留了更接近地下城的神庙系统。

当然，地下城的存在也不是没有问题的。严格意义上来说，地下城绝对不是一个好的设计。

首先，**地下城是一个很容易让人产生疲劳感的设计**。就像我前面提到的，**地下城本质上是一个以极强的目的性为前提而设计出的机制**，这就很难适合每一个玩家。在西方世界，最早的 RPG 之一的《巫术》出现时，就从头到尾使用了地下城设计，一开始没有任何详细的交代，直接把主角推到了地下城里，开始战斗。更重要的是，《巫术》这种最朴素的回合制游戏，其游戏性也并不算多强，这种设计在开始时大家还玩得不亦乐乎，但是日后游戏行业，尤其是美国游戏行业的 RPG，开始逐渐走进了有大量文本内容和详细故事背景描述的时代。以黑岛工作室的《博德之门》为代表，地下城的设计成为游戏的辅助。

其次，**地下城很容易脱离游戏剧情本身，让玩家有"出戏"的感觉**，尤其是使用了大量迷宫元素时。比如《仙剑奇侠传》第一部，锁妖塔和试炼窟两个地下城的设计过于冗长，迷宫极其复杂，敌人众多，导致很多玩家打通锁妖塔以后，已经降低了对主线剧情的代入感。《新仙剑奇侠传》里重置过的将军冢也有类似的情况，如果不看地图，很可能要在里面迷路数小时。

《仙剑奇侠传三外传：问情篇》里地下城的设计的糟糕程度已经达到了国产游戏的巅峰，以至于被玩家调侃，称其为"问路篇"，包括我在内的大部分玩家要在地图的帮助下才可以通关。当一款游戏需要地图才能通关的时候，说明这款游戏的设计已经出了问题。

之后大部分游戏在地下城的设计上多少会遵循三个原则。

1. **地下城的难度不能太高，或者说迷宫难度和敌人难度不能同时高。**比如《暗黑破坏神》系列就明显降低了地下城的迷宫难度，到《暗黑破坏神3》可以说几乎已经没有迷宫了，玩家几乎不会在游戏里真的迷路。

2. **地下城本身不能完全脱离故事，或者不能脱离游戏的某个核心机制。**比如《精灵宝可梦》系列，在里面的每一个地下城中，玩家都可以捕捉到克制下一个馆长的宝可梦，这至少能让玩家直观感觉到地下城的价值，玩家也就不会对通过地下城这件事感到烦躁。

3. **主线相关的单一地下城不能太过漫长。**现在已经很难在欧美游戏里看到这种设计了，日本的主流游戏里也越来越少在主线里出现复杂的地下城。游戏要保证玩家的主线体验尽可能流畅。

进入网络游戏时代，地下城的机制设计有了明显的改变。

绝大多数 MMORPG 的主线剧情是被弱化的，为了延长玩家的游戏时间，支线剧情就变得非常重要，所以多数 MMORPG 游戏的支线剧情非常复杂，甚至地下城的机制也和单机 RPG 截然不同。

《魔兽世界》为日后的游戏行业提供了一个很好的范例，在《魔兽世界》里，支线任务使用了另外一个名字 Instance，国内翻译为副本。当然，《魔兽世界》并不是副本机制的发明者，严格意义上来说，最早使用副本机制的网络游戏是《领土》(*The Realm Online*)，但《魔兽世界》把这个机制完善并且推广开来。每个副本都拥有完整的剧情、完整的地下城设置和独立的 Boss。《魔兽世界》的每个副本就相当于一个完整的故事，有完整的叙事线索、迷宫和战斗环节，甚至还有机会获得特殊的装备。这种创造性的设计改变了整个网络游戏行业，这也成为日后 MMORPG 都在学习的机制。而副本最大的意义是创造了每一个人都可以当英雄的游戏氛围，比如在《无尽的任务》里，只有少部分人有机会接触到高等级的 Boss，而副本机制给了普通玩家这个机会。

副本机制存在的最主要的意义在于，解决了网络游戏在时长上的问题。在有副本以前，玩家的游戏时长几乎完全依赖高游戏难度，高难度刺激玩家重复刷装备，而副本机制出现以后，玩家有了更多选择。

当然，刷装备这件事最终还是难以避免。

《吃豆人》和《推箱子》

《吃豆人》是 1980 年南梦宫开发的一款游戏，制作人为岩谷彻，这款游戏也是 20 世纪 80 年代全世界最成功的游戏之一，无论在商业还是口碑上。

岩谷彻在开发《吃豆人》时，打算制作一款针对女性玩家的游戏。一开始就先列举了女性玩家可能喜欢的东西，包括时尚、算命、食物、约会，但最终选择了"吃"。在确定这个主题后，对于主角的形象却一直没有好的点子，直到有一天岩谷彻吃比萨时，吃豆人的形象浮现在脑子里。当然，关于从比萨获得主角外形灵感这件事也很可能是传言。

当然，我们要说的不是吃的问题，而是《吃豆人》的主要游戏点是**空间压缩机制**。

大家还记得自己第一次玩《吃豆人》时的感觉吗？肯定十分紧张吧，眼看着敌人离自己越来越近，却无路可走。这种情况就是你在游戏里的生存空间被压缩了，而你需要的就是通过运动尽可能获取更多的生存空间。这和现实世界里玩猫捉老鼠的游戏一样，作为"老鼠"的你被"猫"围堵在角落也是相似的状态。

岩谷彻在自己撰写的《吃豆人的游戏学入门》里曾经阐述过敌人的运动规则：第一只紧跟在吃豆人的身后，第二只会去吃豆人前方的不远处堵截，第三只与吃豆人做点对称运动，第四只毫无规律地运动。

这四个敌人的目的就是通过运动和配合来压缩玩家的生存空间。这也是《吃豆人》成为游戏史上最伟大的游戏的原因之一。《吃豆人》里明确了**玩家生存空间**的概念，在日后绝大多数 RPG 里，**玩家在地下城或者地图上遇到的那些敌人，并不一定是让玩家去战斗，而只是通过压缩玩家的活动空间，驱使玩家被动前进。这增加了玩家的紧张感，也起到了情绪渲染的作用。**这种空间压迫带来的紧张感在大部分 RPG 和动作游戏里有所体现，是常见的调动玩家情绪的方式之一。比较典型的应用是《洛克人》，玩家经常会被后面的敌人或者火焰之类的追击，被迫快速前进。这在横版过关游戏里是一种非常常见的要素。

另外一款非常典型的空间机制游戏是 1981 年由今林宏行开发的《仓库番》，也就是我们一般所说的"推箱子游戏"。

在游戏里，玩家推动箱子，当箱子到达了合适的位置，就算过关。游戏行业甚至有个专门的名词"滑块解谜"来形容这类挪动某个物体来解谜的游戏。

中国玩家对这个机制会比较熟悉，我们的传统游戏《华容道》就使用了滑块解谜机制。

这种机制最大的意义在于，为日后大量游戏的解谜内容提供了参考，例如《塞尔达传说》系列里的很多谜题，其解法便是将某个物品放到某个特定地点，或者是挪动某个遮挡物给自己打通前进的道路。

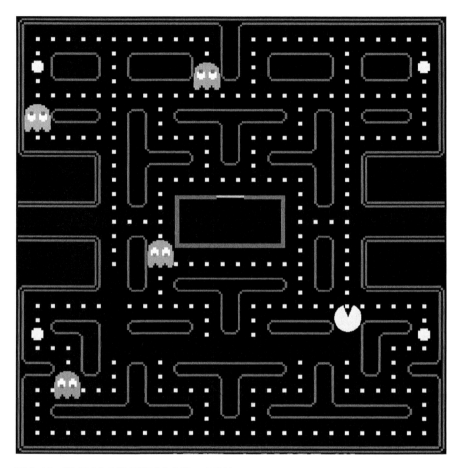

图 1-14 《吃豆人》创造了游戏史上的一个奇迹

　　和《吃豆人》相比，推箱子机制的核心是把合适的东西放到合适的地方，而不是通过压缩空间创造紧张和焦虑的氛围。推箱子的核心机制更像是满足强迫症患者的"完美机制"。

　　无论是空间压缩还是滑块解谜，这两个机制都具有很强的可借鉴性，最早出现的游戏都是休闲游戏，但这类游戏被日后的大量重度游戏所借鉴。由此也能看出很多游戏机制的一个共性，**机制不局限于特定类型的游戏，只是看策划需不需要。**

看得见的墙和看不见的墙

因为游戏公司的经费是有限的，所以游戏内的空间并不是无限的。所有游戏都有一个明确的玩家可移动空间，这个空间一定会有明确的边界，这个边界就被称为"墙"。

游戏内有两种墙，看得见的墙和看不见的墙。

看得见的墙指的是那些玩家在游戏内可以看到的遮挡物。一般情况下就是肉眼可见的墙，和现实里的墙一样，但经常被玩家忽视的是**山川、海洋、沙漠这些在游戏里经常被设置为不可逾越的障碍，这些障碍本质上也都是看得见的墙**。而另外一种看不见的墙，指的是那些在美术上没有做特殊处理，看起来可以经过，但是玩家无法到达的地方，仿佛有一面透明的墙一样遮挡了玩家的去路，也就是玩家所说的"空气墙"。小岛秀夫的《死亡搁浅》里还专门"恶搞"了空气墙，当玩家走到地图边界区域的时候，会看到有个类似玻璃屏幕的界面，提示你前面是空气墙。

电子游戏产业早期，大部分游戏在开发时不会过多在意墙的问题，所以看不见的墙非常普遍。但是看不见的墙会让游戏体验非常糟糕，玩家明明可以在游戏里看到某个地方却不能走过去。所以最近这些年，所有游戏都开始刻意避免看不见的墙出现，绝大多数游戏只使用了前面说的山川、海洋、沙漠等元素进行地形的遮挡。这种做法显然增强了游戏的代入感，不会让玩家突然遇到"鬼打墙"的情况。

这些元素的使用有显著的效果，游戏内部的墙也越来越少。游戏设计师开始频繁地使用这类元素代替传统的墙，尤其是 RPG 的室外空间里，传统意义上的墙已经很难看到。比如《暗黑破坏神 3》相较于前两部，很多不可通过的区域明显是用地形差、河流或者悬崖实现的，而不是把一面简简单单的墙放在地图上。再比如《塞尔达传说：旷野之息》的大地图上几乎见不到真正意义上的墙体。

游戏行业正在通过这些方法进行完善，这些看似小的修修补补对于增强游戏的代入感，增强游戏本身的真实性具有重要作用。

"箱庭理论"和《塞尔达传说》

《塞尔达传说》系列在游戏史上的地位时常被低估，这个系列开创了很多改变游戏史的经典设计。

PlayStation 时代，游戏机手柄上控制方向的是左手位置的上下左右四个键，对应的就是传统 2D 游戏里鸟瞰视角下角色前后左右的移动。而进入 3D 游戏时代以后，这四个按键也要负责控制 3D 游戏里角色的行动。一般与早期赛车游戏常见的键位设置相同，上键控制向前，下键控制后退，左右键控制左右移动。

虽然在很长时间里，这种移动方式被普遍接受，但是并不代表是没有问题的。比如控制精度问题，3D 游戏里角色可以 360 度旋转，加上视角的移动方向非常自由，显然这四个按键无法覆盖这么复杂的角度。

这时，电脑游戏领域里已经有了成熟的解决方案，那就是使用定位精准度极高的鼠标，而主机上一直没有太理想的解决方案，甚至当时媒体和游戏策划的普遍论调是游戏主机可能不适合玩这类需要高精度 360 度旋转的游戏。

任天堂的 N64 解决了这个问题，在手柄上加入了主机游戏常见的摇杆，更精准的定位方式让玩家可以在 3D 游戏里自由地操纵自己的角色。但是很快又遇到了问题，那就是因为摇杆过于灵活，玩家在动作游戏里经常出现错误操作。

《塞尔达传说：时之笛》创造性地解决了这个问题，在游戏内加入了"Z键锁定"功能。按下 Z 键以后，玩家可以自由移动，同时视角会一直锁定在敌人的方向。时至今日，大多数动作游戏沿用了这个设计。

但《塞尔达传说》对游戏行业最为深远的影响是确定了"箱庭理论"。

"箱庭"在日本指的是那些模仿真实场景的微缩景观，在游戏行业中指代此类游戏的设计。从《塞尔达传说》第一代开始，全世界玩家和游戏策划开始接受这个理论，而宫本茂也被认为是箱庭理论的创造者。

一般，箱庭游戏有三个明显的特点。

1. **基础元素的重复使用**。比如《塞尔达传说》里道路、墙壁、河流等基础元素是被反复使用的。这减少了玩家对事物的学习成本，也降低了游戏的开发成本。设计上能否节省成本是非常考验游戏策划能力的一点。

2. **鲜明的视觉落差**。在游戏里，你每变换一个场景，就会发现美术风格有了巨大的变化，这种视觉落差丰富了玩家的游戏体验。对于箱庭理论，宫本茂强调最多的一点就是每个人、每个群体都有其独立而封闭的世界，两个人的蓦然相遇就好比是两个完全不同的箱庭世界的相互碰撞和融合，那种奇妙的感觉绝非可以轻易言传。这一点在很多游戏的地图上就可以看出来，不同区域的颜色都是不同的。

3. **用通路连接不同的关卡**。很多日本老派游戏人至今还用箱庭指代关卡，所以一些地方关于箱庭理论的描述着重强调的就是"关卡—通路—关卡"的三段式结构。

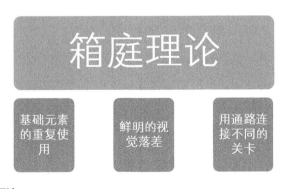

图 1-15　箱庭理论

箱庭理论被日本游戏公司广泛使用，也被认为是日本 RPG 可以崛起的重要理论支撑。而早期的使用更多是因为硬件环境和开发能力有限，需要利用有限的资源表现尽可能多的游戏内容。随着游戏设备越来越先进，开发工具越来越强大，市面上传统意义上的箱庭游戏也就越来越少。同时，一些日本公司开始把这种设计思想应用到其他游戏里，依然取得了相当不错的效果，比如《塞尔达传说：旷野之息》和《超级马力欧：奥德赛》都采用非常典型的箱庭设计，箱庭理论在开放世界游戏和动作类游戏里都应用得很完美。

箱庭理论的使用也让日本游戏有了非常鲜明的特点，比如关卡的概念明确且清晰，再比如多数是线性叙事结构。而早期没有应用箱庭理论的美系 RPG，明显缺乏线性叙事结构。

除此以外，还有一些在日本 RPG 里被广泛使用，但是没有归纳到箱庭理论的机制。比如放射性的游戏地图和任务结构，很多日系 RPG 贯彻中央村落的概念，玩家从村落到任务点 A，然后回到村落再到任务点 B。如果看游戏地图就会发现，整个地图呈从中央村落向四周放射布局的形态。这是一种很容易让玩家产生代入感的设计，玩家会默认中央村落就是自己的家。

再比如《塞尔达传说》系列早期一直使用的典型的"锁—钥匙—锁"的三段式结构，玩家会遇到锁，然后寻找钥匙开锁，打开以后又会发现新的锁。之后，这种三段式结构有了明显的优化，变成了一个四段式结构：**遇到障碍物—获取道具和技能—通过障碍物—拓展更大的地图**。这和之前的三段式结构最大的区别在于，传统意义上的钥匙变成了道具或者技能这类抽象的钥匙，玩家解锁后最主要的目的是进入更大的地图环境，而不是再遇到下一个锁，虽然早晚还是要遇到。

《塞尔达传说：旷野之息》依然遵循了这个流程。游戏开始，玩家在初始台地发现下不去，这就暗示了玩家必须在这里找到下去的方式；玩家进入寒冷区域以后会掉血，就要找到抵御寒冷的办法，玩家首先会看到有"暖暖草果"可以抵御寒冷，但是有时间限制，之后会发现有更好的衣服可以抗寒；继续游戏，会发现被各种山脉所阻挡，那么就需要玩家爬山，而开始时玩家的体力是不足的，想要获取更多的体力就必须通过更多的神庙。这里，暖暖草果、抗寒的衣服和玩家的体力本质上都是那个钥匙。

在开放世界里，箱庭和四段式的开锁设计也可以用来做任务引导。

《塞尔达传说：旷野之息》最被玩家津津乐道的话题是第一个神兽。游戏内有四个神兽可以打，而作为开放世界游戏，玩家完全可以随意走到任何一个神兽的区域，但绝大多数玩家会先打水神兽。原因是玩家如果往正北方向走，在盾反技能练好前很容易死，而往南走有雪山和沙漠，前期玩家没有足够好的衣服抵御寒冷和高温。在尝试中绝大多数玩家往东北方向走到了水神兽的地方。在这个过程中，游戏没有任何明确的说明指出必须往哪里走。游戏里的平原、沙漠、雪山都是不同的箱庭，而玩家的盾反技术、抵御寒冷和高温的衣服就是钥匙。

这也是为什么《塞尔达传说：旷野之息》几乎被全世界的游戏策划推上了神坛。《塞尔达传说：旷野之息》作为塞尔达系列的第一款开放世界游戏，融合了传统箱庭理论的优势，解决了此前多数开放世界游戏会遇到的主线叙事和任务流程问题。

时至今日，我们依然可以看到很多日本公司在不自觉地使用箱庭理论，甚至还做得非常好。比如 2019 年宫崎英高的《只狼》，虽然该游戏是一款 3D 动作游戏，但实际上地图也是标准的箱庭，玩家的每个任务区域都是被精妙划分的。

除此以外，一些玩家很熟悉但不是 RPG 的游戏也在频繁使用箱庭理论。比如《生化危机》前三部都是非常典型的采用箱庭理论的例子，尤其是第二部的警察局就是一个完美的箱庭；再比如《恶魔城》系列的关卡本质上也是典型的箱庭。

或许是因为箱庭被如此广泛地使用，所以人们认为它是日本游戏产业的灵魂机制，是日本游戏在一个时代成功的最主要的因素。

开放世界游戏

很多游戏玩家和媒体经常把开放世界和箱庭理论对立，但这其实并不是两个对立的概念，前面已经提到了两者可以融合。而这一节我们就要讨论一下开放世界游戏那些复杂的机制带来的衍生问题。

近几年，开放世界游戏火爆，最主要的原因是开放世界提供了现实世界生活的代入感，这是传统线性游戏很难给玩家创造的。传统线性游戏主要的乐趣是叙事，而开放世界游戏主要的乐趣是让玩家感觉到自己成为世界的一分子。

这种差异说起来简单，甚至部分玩家玩起来也觉得差距不大，但从设计角度来说是截然不同的。

后文会提到，电子游戏的本质是创造选择，而线性游戏的问题是在游戏的核心走向上选择过少。一些游戏为了尽可能多地增加选择会加入大量支线和不同结局，但这本质上还是相对局限的选择，而开放世界打破了这种选择上的限制。

从这一点来说，开放世界像现实世界也是因为选择的余地过多，所以理论上开放世界游戏也会继承现实世界里那些比较糟糕的状况。

东京是一个让我非常崩溃的城市，它的地铁线路非常复杂，必须依赖各种详细的指示牌甚至地图才能搞清楚。我曾经和日本几家游戏公司的朋友吃饭，之后我们一同在新宿站里迷了路，好不容易找到地方以后，其中一人吐槽："这不就是按照迷宫设计的地铁站嘛！"说这话的人就是在某家游戏公司做关卡策划工作的。

开放世界也会面临这种问题，玩家有过多的选择时，很容易不知所措。

传统的非开放游戏的整体设计更像是一个游乐场，玩家在遵循一套细致的动线设计，按照游乐场工作人员的安排和道路规划从一个点走到另外一个点。往往在越好的游乐场中，玩家越不用动脑子，顺着道路就可以一个一个游乐设施玩下去。或者更为直接的例子是，上学时的我们就像是在非开放世界游戏，而进入社会后，就开始了一场开放世界游戏。

　　在《塞尔达传说》第一代里，玩家一开始是在一个空旷环境的正中间，有三条岔路可以走，但是大部分玩家会做一个一模一样的举动。因为这个场景里还有一个洞穴，进去以后可以获得之后通关用的重要道具——一把剑，所以玩家大多会到洞穴里取剑。这个非常突兀并且明显可以进去的空间，也是在暗示玩家这里是应该前往的地方。

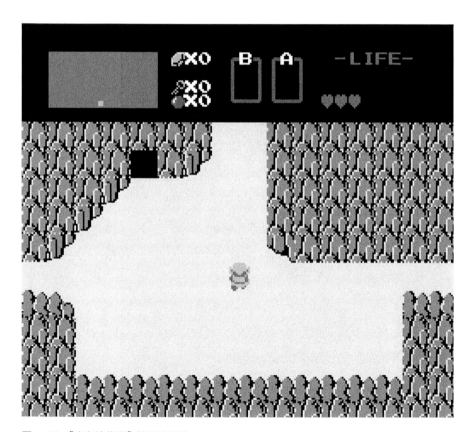

图 1-16　《塞尔达传说》的初始场景

早期游戏有一个很简单的空间引导方式，比如在一个岔路口，宽阔的大路一定是正确的道路，狭窄的道路里可能有支线任务或者宝箱。类似地，当有一条宽阔笔直的道路，中间没有任何敌人也没有任何宝物，而前面出现了一扇门，这基本就暗示了即将开始一场宏大的 Boss 战。这对于线性的游戏来说是非常出色的设计，但是在开放世界游戏里就不容易实现了。

之后，在电子游戏发展的进程中，还有过很多更为直接的方法被应用于开放世界游戏里，比如直接给出地图或者使用像现实中的导航信息，这也是多数游戏所采用的方法。

在之后的十几年时间里，全世界的游戏开发者都在讨论到底开放世界该如何做引导。基本上有两种引导类型，一是使用地图，把每个目的地都在地图上清晰地标注给玩家，就像用手机导航一样，玩家顺着标准的位置去就好了。但是这种引导设计本质上并不理想，因为相当于是把开放世界游戏做回了线性游戏。另一种是通过多个小任务，一步一步引导玩家到目的地。这种方式的代入感会更强一些，但也面临本质上并不够开放的问题。所以，其实现在大部分的开放世界游戏在一定程度上结合了二者。

前文提出过《塞尔达传说：旷野之息》里的箱庭和钥匙机制实质上就是一种开放世界的被动引导方式，玩家在大量的尝试里选取了正确的目的地。但游戏本身还提供了另外一种更加简单直接的引导方式。

《塞尔达传说：旷野之息》里，获取后续地图需要主角林克爬上每一座塔，所有的任务线索都距离塔不远。游戏没有任何明确标志告诉玩家塔在哪里，但玩家很清楚，因为塔很高，玩家一抬头就可以看到。这是一种非常自然且直接的引导方式：我看得见目的地。之所以是塔，而不是其他建筑物，就是因为塔会成为一个肉眼可见的标志物。

这些机制的设计也被其他公司学习。

虽然《只狼》并不算是开放世界游戏，但也使用了相同的机制，玩家在各个角落都能看到高大的天守阁，这就暗示玩家需要前往这里。

图 1-17 《只狼》里的场景高低落差非常明显，作用就是从视觉上帮助玩家找到之后的路线

我们在现实世界里也在用类似的方法寻找目的地，比如和朋友约了在北京市的国贸下面的饭店吃饭，如果你不确定具体走哪条路可以到，一般也不用看路牌，最好的选择是直接抬头找到国贸这栋楼，然后往那个方向走。

《塞尔达传说：旷野之息》的开发者在游戏开发花絮里详细阐述过游戏的设计流程。

任天堂内部把这种确定目标的方式称为"引力"。在游戏地图上，任何物体都有这种吸引你前往的动力，比如地图上最大的引力是城堡和高山，因为它们实在过于巨大，在地图的大部分地方可以直接看到，其次就是塔。而到夜里，整个地图的引力又会变得不一样，在黑暗环境下，城堡和山都变得不是特别明显，这时候最引人注意的就是发光的物体——塔，然后是马厩和点了篝火的敌人。无论白天黑夜，塔都是玩家会注意到的目标，晚上因为天黑，马厩的灯光能给玩家带来安全感；如果只顺着篝火的亮光走又可能遇到敌人，增加了紧迫感。

但如果只是单纯直接地引导玩家到目的地，又可能让玩家产生两点一线的疲劳感。所以开发团队又创造了一个"三角"设计原则，游戏里有像山坡之类大量被设计成三角形外观的物体，这些物体的作用就是遮挡。比如小三角形是为了遮挡玩家的视线，玩家虽然可以看见目的地，但也不是一直可以看到，需要时不时调整位置；中型的三角是为了遮挡玩家的路线，让玩家不能一条线直接跑到目的地，时常会出现各种小山成为阻挡。也就是说，游戏地图里的所有障碍物都是经过严密设计的，并不是一拍脑袋的决策。

同时，因为《塞尔达传说：旷野之息》是任天堂第一款大型的开放世界游戏，从设计经验上来说也有很多的不足，所以开发团队想到了一个最简单的办法，就是和现实世界做对照，来测试路线。因为开发团队在京都，所以很多路线的测试是在京都进行的，有的玩家甚至能在京都找到游戏里对应的场所。比如，测试后发现全家便利店在京都的密度是比较人性化的，于是开发团队就将其就作为游戏内神庙的密度参考样本。

除此以外，还有一些小细节非常值得学习。

比如《塞尔达传说：旷野之息》虽然没有大部分开放世界游戏的画风写实，游戏里很多场景却比大部分游戏更具真实感，比如火的应用。游戏里的火可以点燃草，甚至火在草上还会蔓延；可以融化冰，可以在寒冷的地方用来取暖；可以发光照亮黑暗的四周；可以烤熟食物，也可以点燃箭头攻击敌人，还可以创造上升的热气流。

《塞尔达传说》系列对目的地有一个探测机制，越接近目的地，音效越大或者频率越高，这种探测机制更适合创造惊喜。《塞尔达传说：旷野之息》里就用这种方式来发现神庙，这个机制最聪明的地方是使用了声音进行提示，多数游戏会直接在地图上标记一个明确的地点，这么做虽然更加明显，但也少了很多的乐趣。而声音并不完全适合指引方向，更何况只是音效的频率，还不是语音导航，这就给游戏增加了乐趣，可以让玩家在一定区域内探索。玩过《塞尔达传说：旷野之息》的读者肯定有体会，很多神庙隐藏在非常奇怪的地方，或者需要用特别有趣的机制开启，这些都是在游戏设计时加入的小心思。

　　在《塞尔达传说：旷野之息》以后，很多游戏也开始尝试其他另类的引导方式。

　　《对马岛之魂》里出现过一种非常有意思的引导方式，也是没使用任何标志物，只是利用了游戏里的"风"。玩家不知道去哪儿的时候，顺着风就可以找到目的地。风会带你去终点，这不仅是一个非常有诗意的设计，也是这款游戏成功的尝试之一。在不破坏玩家体验的情况下，为玩家指引了游戏中的方向。事实上，这种指引方式是最传统的 RPG 指引的变种，传统 RPG 的指引方式是玩家去跟 NPC 聊天，NPC 告诉玩家接下来需要去哪里。这些都是在不打破沉浸感的情况下，让玩家不迷路的方法。

图 1-18 《对马岛之魂》里顺着风就可以找到目的地

　　除此以外，还有另外一种更加常见并且更加有代入感的方式，就是给玩家找个伙伴。很多游戏会通过加入他人的方式来引导玩家，比如《刺客信条2》里，主角的哥哥会引导玩家；《战神》里，主角的儿子永远站在之后要走的路线上。这类游戏里，这个存在于玩家身边的 NPC 就是最重要的引导机制。这里讲句题外话，主线 NPC 的存在一般都要有明确的意义，否则很容易变成"鸡肋"。

任意门和空间破坏

《哆啦 A 梦》里的任意门是一种典型的空间破坏道具，这种机制之所以特殊有两个原因：一是它能够快速地往返于两点之间，打破了原有的相对空间关系；二是这是现实世界中人类体会不到的，至少在本书出版的时候还无法体会到。

这种空间破坏道具可以给我们带来足够多的想象空间。

在传统电子游戏里，有大量的空间破坏元素存在，比如传统 RPG 里，不同地图之间的连接方式就是传送门。玩家并没有真正体会到两个地图之间的具体距离，而是在一个地图的边界，"咻"地一下就到了另外一个地图，文字可能会提示玩家走了很久，但玩家本身无法切身体会到。

这其实就是传统戏剧创作的手法，没有必要给玩家呈现舞台以外的信息，所以这些内容都被省略了。从代入感来说，这不能算是非常好的体验，但是相比较让玩家体验大量无用且乏味的过程来说，这种形式是很有必要的。

哪怕进入开放世界，玩家可以真实地体验完成的过程，大多数游戏还是加入了传送点，让玩家可以瞬间到达自己想去的地方，就是为了防止玩家在地图上无意义地移动带来负面反馈。

这是一个关于游戏和现实的典型的边界问题，**好的游戏应该让玩家尽可能体会到游戏的乐趣，而不应该为了过度强调真实性，而带入现实世界中那些糟糕的体验。**

空间破坏本身就可以成为一种游戏玩法，比如《传送门》。

　　虽然是一款 3D 游戏，但《传送门》一直坚持小团队开发，从 2005 年开始到 2007 年完成，团队人数从来没有超过 10 人。为了节省成本，《传送门》里大量使用了《半衰期 2：第二章》的游戏素材。2007 年 10 月，游戏合集《橙盒》上市，《传送门》作为《半衰期 2：第二章》的赠品收录于其中，但万万没想到这款游戏横扫了当年全世界的游戏奖项。

　　这款游戏之所以引人注意就是因为加入了空间传送机制，玩家可以用枪在墙上开两个洞，在这两个洞之间传送物体。该游戏通过这种特殊的机制加入了大量解谜内容。

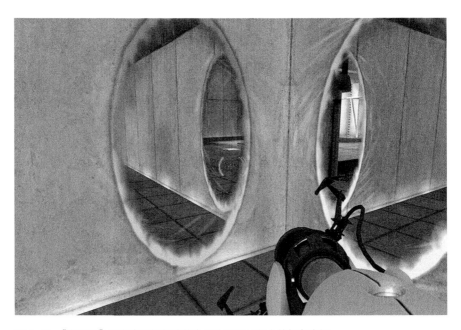

图 1-19　《传送门》里随意开门的功能为玩家提供了极大的想象空间

　　《传送门》的续作《传送门 2》在空间机制上做了更多的尝试，尤其是加入了凝胶的设计。橙色的凝胶能让玩家加速；蓝色的凝胶可以让玩家跳起；灰白色的凝胶让原本无法放传送门的地方变得可以放置。此外还有清洗凝胶的水。

空间破坏机制还有一种实现方法就是利用玩家的视觉错觉，例如《无限回廊》里，玩家需要调整迷宫的位置，利用视觉差创造出不可能的通路。

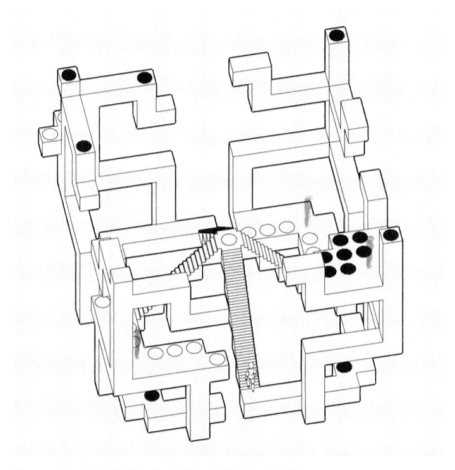

图 1-20　《无限回廊》提供了利用视觉差寻找线索的一个新思路

日后，手机游戏里出现过一款更加广为人知的游戏《纪念碑谷》，它也使用了同样的游戏机制。比《无限回廊》更加出色的是，《纪念碑谷》加入了故事剧情，同时优化了美术风格。

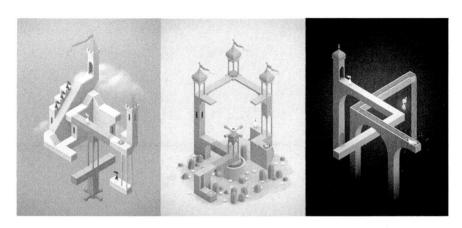

图1-21 《纪念碑谷》在游戏难度上比不过《无限回廊》，但是在美术上成为现代电子游戏的教
科书，游戏的"卖相"也是很重要的

另外一款知名的独立游戏 *FEZ* 也延续了相似的视觉差的设计思路，只不过方式改成了在二维世界里想象三维空间。当玩家在二维世界里无法找到目的地时，可以尝试在三维世界里换个角度看世界。

既然空间机制存在，那么相对应的空间破坏机制也存在，并且也可以给玩家提供新鲜的游戏体验。无论在独立游戏还是 3A 大作里都可以找到合适的应用场景。

这些复杂的物理和空间机制提高了 *FEZ* 的可玩性，也为日后很多类似的游戏提供了可以借鉴的内容。

第 2 章

时　间

回合制、半回合制、即时制

时间是空间外最重要的基础游戏机制。

游戏内的时间和现实时间是不同步的，这点大部分玩家可以想到，这种不同步对游戏玩法最主要的影响体现在战斗环节里。回合制、半回合制、即时制和半即时制都是不同的时间体现方式。

回合制是最早在 RPG 里打破现实时间概念的游戏机制，你一拳我一脚轮流进攻对方的模式只能在游戏里看到，现实世界里我们是无缘得见这么愚蠢的战斗流程的。从桌游开始，早期的大部分 RPG 采用了回合制的方式，当然早期这设计的主要原因还是条件限制，当时的硬件配置也不足以支撑其他的游戏方式。

最早的回合制游戏是 1981 年的《巫术》（*Wizardry*）。

图 2-1 《巫术》是日后回合制游戏的雏形

1984 年，《梦幻的心脏》成为回合制 JRPG 的开山之作。而真正意义上把回合制游戏发扬光大的是 1986 年 ENIX 的《勇者斗恶龙》（*Dragon Quest*）。

日后，回合制游戏成为游戏市场上主流的类型之一。

从游戏本身来说，回合制游戏很容易产生过度公平和过度不公平的双重问题。过度公平是指游戏的战斗结果很容易计算，因为你打一下，我打一下，如果数值一定，那么立刻就可以估算出结果来，解决这个问题的办法就是加入命中率和暴击率等随机数值；而过度不公平是指回合制游戏一定有先手优势，解决这个问题的办法是增加行动点数、敏捷度之类的数值，让玩家可以争取自己的先手。

在早期电子游戏市场，回合制游戏的地位要高于即时战斗游戏，主要原因是在复杂的数值设计下，回合制游戏能够达到一定的策略深度，所以那个时代 RPG 的受众中有一批更喜欢策略游戏的核心玩家。

时至今日，制作传统的回合制 RPG 的公司已经越来越少。核心原因就是回合制游戏的代入感差，而且游戏过程中的冗余时间过多，比如一次次更换战斗场景所花费的读取时间和在战斗过程里的思考时间。除非是核心玩家，否则这些都是相对糟糕的游戏体验。

于是渐渐地，RPG 的核心玩家从策略玩家开始转变为动作玩家。

回合制游戏的问题在很短的时间里就获得了一次调整。

《最终幻想》开启了名为 ATB（Active Time Battle，游戏战斗模式）系统的半回合制系统。之后还开创了两个变种系统，CTB（Count Time Battle，计时战斗制）战斗系统和 ADB（Active Dimension Battle，即时多维战斗制）战斗系统，分别对应《最终幻想 10》和《最终幻想 12》。简而言之，都是给回合制游戏加入了即时战斗的成分，玩家需要在战斗过程中选择合适的时机释放技能。

这些改变尽可能为回合制游戏加入更多的策略成分和紧张感。

然而这些调整还是无法达到即时类 RPG 所能达到的代入感和沉浸感，其中最为典型的即时类 RPG 就是玩家比较熟悉的 ARPG（Action Role-Playing Game，动作角色扮演游戏）。

ARPG 的历史并不短，早在 1984 年南梦宫的《德鲁亚加之塔》就使用了在大地图上直接进行战斗的即时战斗机制。玩家需要控制角色从德鲁亚加之塔的第一层开始寻找钥匙，以进入下一层，在这个过程中会遇到各种各样的敌人和道具。之后几年的时间里，游戏行业出现了不少类似机制的游戏，都以解谜为核心玩法，包括《迷城国度》《梦幻仙境》等那个时代的知名游戏。虽然有些销量不错，但和当时的回合制 RPG 比，整体口碑相对一般。主要的原因就是前文提到的，游戏运行平台的硬件性能方面的限制。那时的即时战斗机制，看起来就是一个人拿着武器直接冲向了敌人，根本谈不上战斗，更像是自杀式袭击，毫无策略深度可言。

一直到 1986 年的《塞尔达传说》才确定了 ARPG 的主要玩法，才真正体现出了 ARPG 里的动作设计。挥剑、盾牌格挡，还有飞镖、炸弹和弓箭等道具，这些设计让当时的游戏玩家第一次体会到了即时战斗的快感。

但《塞尔达传说》在很多游戏玩家圈子里并没有被分类到 ARPG 里，而被认为是一款冒险游戏，主要的原因是《塞尔达传说》没有经验值的设计。当时人们普遍认为 ARPG 的核心就是以经验值为主的成长体系。当然我并不认同，无论如何，从游戏机制上来说，《塞尔达传说》确实为之后的 ARPG 提供了大量可借鉴的选择。

到了《暗黑破坏神》时代，ARPG 的核心玩法已经基本定型，也就是现在玩家最为熟悉的那些机制的组合。玩家在地图上直接进行战斗，可以使用道具和技能，有等级和经验机制存在，也有一条完整的叙事线。

现今的整个游戏市场越来越强调 3D 的画面效果，强调开放世界，回合制的战斗已经越来越少出现，能看到的主要在《最终幻想》《勇者斗恶龙》这种日系游戏的"常青树"、《神界：原罪》这种 CRPG 的复兴代表和《歧路旅人》这种 JRPG 的怀旧大作里。关于 CRPG 和 JRPG 的关系会在后文提到，这里就不细说了。

　　游戏行业还有另外一种类似的区分游戏类型的方式值得特别提及一下，即对称性游戏和非对称性游戏。**对称性游戏指的是游戏的参与者获取的信息是同步的游戏**，例如乒乓球，双方能够同时看到球，并且做出反应，也就是所谓即时制游戏。需要注意的是，其实大部分回合制游戏也是对称性游戏，因为对方操作时玩家可以第一时间看到。**非对称性游戏就是玩家之间存在信息差的游戏**，例如《龙与地下城》，在游戏里只有地下城城主知道所有人发生的事情，而玩家之间存在信息差。类似的还有"杀人游戏"或者"狼人杀"，玩家并不知道其他玩家具体发生了什么。两种方式各有优劣，只要应用好都能产生极大的乐趣。有时我们也会把这两种类型的游戏称为完全信息游戏和不完全信息游戏。

存档和读档

　　存档和读档虽然是游戏的功能，但同样也是一种时间机制。

　　其他艺术作品里，比如电影和小说，作品内部的时间是随意跳跃的，不会有一部作品详细描述两个比较长的时间段里面的全部内容。如果电影事无巨细地交代细节，观众肯定没办法接受，而游戏经常会有详细的描写。比如《仙剑奇侠传》里，李逍遥出发去山神庙找酒剑仙，如果是其他作品肯定就一笔带过，而在游戏里要走过整个十里坡，甚至十里坡就可以玩很久很久……

　　这就是游戏很容易产生代入感的原因，玩家不仅可以操作一个角色，还可以和角色有相似的时间感。但是游戏又是一个很容易打破时间感的产品，比如游戏里的存档和读档功能就完全破坏了时间线。

　　存档和读档是绝大多数 RPG 的必备功能，因为只要是游戏就需要有挑战，有挑战就有难度，就有可能失败，所以需要通过存档和读档功能为玩家提供一定的容错空间。早期的电子游戏因为卡带没有存储功能，所以没有办法给玩家存储进度，但玩家又不可能每次都从头开始，于是就有了一个现在看来很奇怪的设计：每一关结束后玩家会得到一个密码，输入密码就可以直接到达目标关卡。记录密码几乎是早期 FC 玩家的必修课，甚至很多中国玩家就是靠着记录密码学会了日语的五十音图。

当时的 RPG 需要记录的密码非常多，因为玩家的角色经验等级、游戏进度、物品栏、出生点等都需要转化成代码。到了《勇者斗恶龙 2》时，密码的复杂程度已经到了令人发指的地步，玩家每次记录进度要抄 52 个平假名。基于特殊的密码机制，当时的日本玩家也在研究密码的组成，互相分享密码成为当时游戏玩家的主要社交动力。于是就有人发现了在游戏一开始就有 48 级的无敌开局密码，就是下面这个，读者体会一下当时游戏玩家究竟要记录什么。

ゆうて　いみや　おうきむ
こうほ　りいゆ　うじとり
やまあ　きらぺ　ぺぺぺぺ
ぺぺぺ　ぺぺぺ　ぺぺぺぺ
ぺぺぺ　ぺぺぺ　ぺぺぺぺ　ぺぺ

有个题外话，本书会经常强调《塞尔达传说》这个系列游戏有多优秀，这里要再提一次，《塞尔达传说》也是电子游戏史上第一款使用了存档和读档功能的 RPG。

常见的游戏存档有两种类型：一种是可以随时存档，玩家在任何情况下都可以存储当前的进度，也可以读取进度；另一种是在特定环境下才可以存储进度，最常见的就是存档点的设计，玩家需要走到一个固定的场所，或者某个道具前才可以存档。早期之所以这么设计也是因为系统机能问题，随时存储需要的信息较多，在固定的地方存储则只需要记录当前信息。至今还有游戏使用这种存储方法，但现在主要是为了增强游戏的紧张感，玩家必须保证活着前往下一个存档点，否则之前的努力就白费了。

随着游戏技能的提升，游戏的存档和读档的表现方式也越来越丰富。最明显的一点是，大部分游戏会削弱存档的存在感，越来越多的游戏使用自动存档机制，玩家可以随时结束游戏。这也是一种提升游戏代入感的方式，毕竟玩游戏时我们不会到一个地方以后第一时间去找存档点。

自动存档有它的优势，比如省心省力。但是也存在隐患，自动存档有可能会让玩家丧失回退的余地。所以自动存档必须要对应合适的游戏机制，当游戏本身需要玩家做长距离回退时，自动存档可能就会起到相反的效果。

我在前面提到过存档和读档功能本身也是一种机制，相信所有玩过 RPG 的玩家都会对所谓"S/L 大法"有印象，也就是"存档 / 读档大法"。之所以说存档和读档是一种机制，是因为玩家可以通过频繁存档和读档尝试游戏内容，来战胜敌人和过关。在允许使用"S/L 大法"的游戏里，大部分策划会对玩家使用这种方法有预期，也就是在设计游戏核心玩法的时候，就已经将存档和读档功能考虑在内了。

子弹时间

枪在电子游戏里几乎是最为常见的武器，给游戏带来了很多乐趣，但作为游戏武器，枪本身有很多缺点，最大的缺点就是它的杀伤力实在太强了。不知道读者有没有在现实世界里打过靶，如果尝试过应该可以发现，真实枪械的手感和游戏里是截然不同的。真实的枪后坐力极强，威力也更加可怕。现实世界里，人类如果中弹就极可能会丧失作战能力。

电子游戏里的枪如果也这么设计，那么体验会相当糟糕，尤其是对于技术不行的玩家来说，所以电子游戏做了很多优化。比如削弱了子弹造成的伤害，让玩家在对战过程里可以承受更多的伤害，当然还保留了一些有利于高水平玩家的优势，比如可以直接一枪爆头。但即便如此，还是有问题，最大的问题是子弹速度太快了，玩家并不清楚开枪之后到底发生了什么。所以就有了子弹时间（Bullet Time）。

子弹时间是一种用计算机辅助的摄影技术模拟变速特效。它的特点是将子弹的发射过程变慢，放慢到可以看到子弹擦身而过，甚至完全停滞。但与此同时，空间不受限制，观众或者玩家的视角可以调整。这种空间和时间的不协调感就是子弹时间主要的魅力。

《黑客帝国》对影视和游戏市场做出的一个重大的贡献，就是提供了一个关于子弹时间最好的使用范例。《黑客帝国》中尼奥躲子弹的镜头几乎成为史上最佳的子弹时间范例，日后也被很多电影人学习。

在电子游戏里，对子弹时间的应用最有名的是《马克斯·佩恩2》（*Max Payne 2*）和《马克斯·佩恩3》（*Max Payne 3*）。与《黑客帝国》不同的地方在于，《马克斯·佩恩》系列的子弹时间主要应用在攻击对手上，是为了让玩家更精准地击倒对手，同时增强一击毙命的仪式感。这点和后文提到的QTE系统十分相似。

《马克斯·佩恩》系列里，对子弹时间使用得最好的是《马克斯·佩恩3》。

《马克斯·佩恩3》创造性地在多人游戏里也加入了子弹时间的功能，只要是使用子弹时间的玩家，都会被拉入子弹时间内。当然，这种子弹时间和单机游戏里的是有根本区别的。单机游戏的子弹时间是相对时间变慢，玩家的时间流逝慢了，但是敌人的时间流逝还是原有速度，所以使用子弹时间的玩家有了优势。而在《马克斯·佩恩3》的多人游戏里，在使用子弹时间的情况下，所有人都会变慢，这就让这种相对优势消失了，唯一的区别就是，后者对于那些反应速度慢的玩家比较友好，同样还有我前面提到的仪式感。

除了《马克斯·佩恩》以外，还有很多游戏也使用了子弹时间机制。

《杀戮空间》的多人游戏内，子弹时间成为一种激励措施，如果玩家杀掉足够多的僵尸，就可以进入子弹时间，让自己和队友开启肆意杀戮模式。也就是说，子弹时间在这里成为一种创造爽快感的工具，间接提高了玩家的作战水平。

《辐射 3》加入了一个名为 V.A.T.S.（Vault-tec Assisted Targeting System，避难所科技辅助瞄准系统）的功能，可以减缓游戏时间的流逝速度，帮助玩家瞄准敌人，与此同时还会给玩家展示击中各个部位的命中率。这个功能在极大程度上帮助了那些不常玩 FPS（First-Person Shooting，第一人称射击）游戏的玩家，所以《辐射 4》继续延续了这个功能。

不只是射击游戏有子弹时间，其他类型的游戏也有类似的设计，比如《猎天使魔女》里，玩家可以进入比其他人速度更慢的"魔女时间"，这也是一种奖励和创造爽快感的设计。

简而言之，**子弹时间这种机制存在的最核心的要素就是时间的不平等，当作战双方在时间上没有平等的权利，战斗力自然也就不同了。**

时间叙事和机制

以时间作为核心叙事手法的游戏有很多，《塞尔达传说：姆吉拉的假面》的设定是世界要在三天内毁灭，这个三天时间在游戏的一开始就给玩家创造了紧迫感，有限的时间成为创造紧迫感的工具。同时，时间也可以用作叙事工具。

用时间作为叙事工具的电影有很多，比如《土拨鼠之日》里主角被困在了同一天里，比如《罗拉快跑》里主角只有 20 分钟的时间。电影导演里把时间概念使用得最顺畅，甚至可以说最惊艳的是诺兰。在《盗梦空间》里，不同层的梦境存在时间差，当角色进入下一层后时间流逝的速度会变慢；在

《星际穿越》里，黑洞会让时间变慢，最终出现了女儿远远老于父亲的情况；在《信条》里，时间变得可以逆向流动。

真的把时间概念交代好的游戏却并不多，其中的佼佼者是《去月球》。

《去月球》是一款利用 RPG Maker 制作的游戏。RPG Maker 主要用来模仿制作早期像素风格的 RPG，绝大多数情况下这个引擎用来做"同人游戏"。单独看制作，《去月球》相当粗糙，但是这款游戏打动了一批玩家，甚至影响力蔓延到了游戏玩家之外。

图 2-2　《去月球》粗糙的游戏画面承载了优秀的时间叙事模式

《去月球》的故事是两位博士收到了一份奇怪的委托，为一位临终老人 Johnny 完成去月球的心愿。两人通过一种仪器改变了 Johnny 的记忆，让他误以为自己年轻时是一位宇航员，曾经到过月球。

在这个过程里出现了海量的伏笔和谜团，一步一步揭示为什么 Johnny 有这个理想。游戏的叙事过程完全打乱了时间的关系，大量碎片化的记忆罗列在一起，塑造了一个人的全部回忆。

　　《奇异人生》也是一款使用时间作为叙事线索的游戏，和《去月球》一样，游戏并没有什么战斗内容，更加接近于互动的影视作品。故事内核就是主角要做大量选择，在过去改变已知的未来，在这个过程里会产生一系列蝴蝶效应。当然，这款游戏经常被人讨论的并不是这个时间叙事的手法，而是游戏内的二元对立选择，要达到某个目的时必须牺牲相对的选项。对于玩家来说，每个选择都是痛苦的，而游戏就是在这一系列选择里让玩家产生了沉浸感，因为我们的生活也是由类似这样一系列迫不得已的选择组成的。

图 2-3　《奇异人生》里要面临大量和时间有关的选择，而照片是最重要的道具

　　游戏史上还有大量动作游戏也加入了时间元素，比如《波斯王子：时之沙》，这是一款顶级的 3D 动作游戏，整个故事的推进也是围绕穿越时间进行的，穿越时间甚至成为游戏的核心玩法。游戏里最重要的道具是时之刃，时之刃通过释放沙子可以让王子控制时间，回到之前的某个位置。时之刃还可以减缓时间流速，或者让敌人石化。这些机制让《波斯王子：时之沙》成为

游戏史上一个出色的动作解谜游戏。另外一个把时间作为游戏机制的知名游戏是《时空幻境》。在游戏里，玩家就像是有时间穿越能力的马力欧，通过回溯时间来通过一个一个的关卡。《时限回廊》里也使用了类似的机制，玩家必须和其他时间的自己配合过关。

图2-4 《时空幻境》不光游戏机制有趣，就连游戏美术都相当出色

时间之所以可以成为游戏机制，最主要的原因有两点：一是**时间理论上有不可变的前后关系**，这是大多数人对时间的既定印象，如果打破这种关系的话，游戏本身就扩展了很多想象空间，《波斯王子：时之沙》和《时空幻境》都是这一类；二是**时间的流逝是绝对的，玩家必须要等待**。

第一点为很多游戏提供了有趣的点子，第二点也同样重要。

"动森"系列非常有创造性，或者说非常大胆，这不是说和小动物交朋友这件事，而是游戏里的时间和自然时间是一致的。前文提到过，绝大多数电子游戏的游戏内时间和自然时间是有差异的，但是"动森"系列并没有遵守这一套传统的逻辑。在游戏内也需要像现实里一样等待，之所以这么设计是因为游戏的核心——养成机制非常出色，开发者不用担心玩家流失，同时增加游戏内的强制等待时间，也延长了玩家的整体留存时间，玩家不会两三天就对游戏感到厌倦。

进入手机游戏时代以后也有很多游戏使用了这种强迫等待机制，比如《部落冲突》，其中建造建筑物、创建军队等都需要玩家等待一定的时间，从最短的几秒钟到数天不等。当然这里的性质不太相同，手机游戏的强制等待的主要目的是刺激玩家为提高速度而付费，本质上是一种付费机制。这个设计逻辑还得到了一次非常简单粗暴的升华。有一种放置类游戏，也就是俗称的挂机游戏，玩家只需要等待就可以获得提升。显而易见，这种游戏的核心玩法就是激励，只不过获得提升的方法变成了浪费时间。

我们还是说一点儿更有趣的案例。

《耻辱 2》"石板上的裂缝"一关里，玩家可以获得时间仪，然后穿梭于三年前和现在之间推进剧情，而你回到三年前所改变的事情也会体现在现在。

在《超级食肉男孩》（*Super Meat Boy*）里，玩家死亡以后可以看到自己的过关回放，也可以在成功过关前，看到每一次失败的回放。包括无数个 **Meat Boy** 以各种方式死亡，而这些其实都是过去的玩家。

独立游戏《漫长等待》（*The Longing*）里，玩家必须等待 400 天才能看到游戏的结局——是自然时间的 400 天，也就是玩家所在现实世界中的 400 天。玩家在这期间只能在游戏里孤独地等待，或者看看书。游戏里很人性化地提供了格林兄弟的《牧鹅姑娘》、尼采的《查拉图斯特拉如是说》和麦尔维尔的《白鲸》三本书。

在另外一款独立游戏 *Minit* 里，玩家只有 60 秒的生命，玩家需要在 60 秒内完成尽可能多的任务，每一次的失败都是为了下一次可以更快。

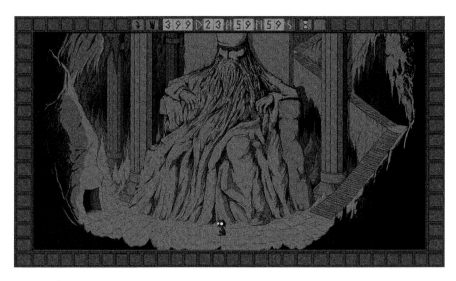

图 2-5　《漫长等待》里玩家要孤独地等待 400 天，还不能修改时间，否则会有错误提示

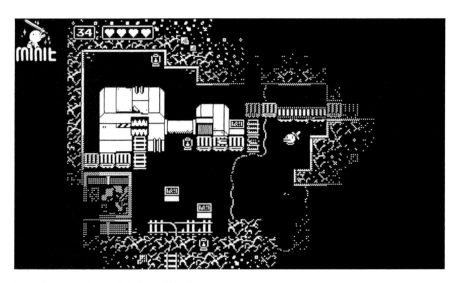

图 2-6　*Minit* 里玩家只有 60 秒的生命

《花园之间》里，只有移动的时候时间才会流动，前进则时间向前流逝，后退则时间倒退，时间和空间属性被绑定了。

图 2-7 《花园之间》使用了时间的正向和逆向流动作为解谜要点

《泰坦陨落 2》里，有一关玩家可以随意穿梭于两个时间点，在同一个场景里看到两个不同的时间点发生的事情，玩家也需要在两个时间里配合来完成任务。

这些优秀的时间机制的特点一般都可以归纳为三个要素。

1. 时间是有限的。在有限的时间内尽可能做更多的事情。

2. 时间的流动性可以改变。人类很难想象逆向流动的时间，这就成为解谜要素。

3. 时间是可以跳跃的。玩家可以到过去或者未来的某个时间点。

只要掌握这三个要素，就可以在游戏里加入很多有趣的时间机制。

多周目游戏

詹姆斯·卡斯的《有限与无限的游戏》一书里定义了有限游戏和无限游戏："有限的游戏，其目的在于赢得胜利；无限的游戏，却旨在让游戏永远进行下去。有限的游戏在边界内玩，无限的游戏玩的就是边界。有限的游戏具有一个确定的开始和结束，拥有特定的赢家，规则的存在就是为了保证游戏会结束。无限的游戏既没有确定的开始和结束，也没有赢家，它的目的在于将更多的人带入游戏本身中来，从而延续游戏。"

最早能够长时间吸引玩家的电子游戏都是无限游戏，像《俄罗斯方块》这种，没有一个明确的结局，玩家可以持续玩下去。而 RPG 出现以后，面临的问题就是游戏时间无法保证，早期在游戏里设置大量的迷宫就是为了延长玩家的游戏时间，而多周目的出现也出于一样的目的。

所谓多周目游戏指的是玩家在第一遍游戏通关（一周目）以后，还可以再玩第二遍（二周目）或者更多遍，但是游戏内的一些机制或者敌人会有变化。

一般情况下，有两种常见的多周目设计：一种是服务于剧情的，游戏有大量的分支剧情可以产生不同的结局，玩家如果要体验更多的结局就要重复玩，绝大多数的 AVG（Adventure Game，冒险游戏）都是这一类，甚至可以说这种设计是 AVG 的核心机制；另一种是二周目，这种游戏加入了新的或者更难的挑战要素。

电子游戏里最知名的多周目游戏应该是《精灵宝可梦》系列，因为存在大量收集元素，并且制作团队故意把一周目难度降低，所以《精灵宝可梦》系列甚至有二周目游戏才开始的说法。这种做法很大程度掩盖了《精灵宝可梦》系列地图小和流程短的问题，当然，时至今日粉丝还会觉得这是开发组在偷懒。

《塞尔达传说》系列也为多周目提供了很好的案例。《塞尔达传说》系列从《风之杖》开始都会加入大师模式，《塞尔达传说：时之笛 3D》的二周目里，制作团队甚至把游戏里的迷宫都重做了，游戏变得更大更复杂。

游戏市场上还有一些作品是多周目的，这些游戏同时满足我前面说的两点。

《伊苏：起源》是多周目游戏里设计得相当有创造性的，在《伊苏：起源》里使用不同的角色，在同一事件里会有不同的视角，而在游戏的第一周目，玩家并没有办法体验到完整的剧情。在游戏一开始，玩家甚至根本无法解锁游戏的真正主角托尔·法克特，玩家需要在三周目才能一览游戏的真正故事和结局。《生化危机 2》也采用了类似的设计，在该游戏中，玩家要分别操作里昂·肯尼迪和克莱尔·雷德菲尔德完成游戏，才能知道完整的故事。很多日本游戏沿用了这种设计，比如《女神异闻录 5》里也是需要至少两周目才能知道全部剧情，《最终幻想》和《勇者斗恶龙》的部分游戏也会在二周目加入一些支线解释主线里的一些疑问。

当然，多周目游戏也并不全是优点，甚至缺点非常明显。前面提到过，多周目本质上就是为了延长游戏时间而让玩家做的选择，这是一种被动选择，而且是几乎没有考虑玩家体验的选择，那些在二周目里加入的叙事和"彩蛋"，本质上也只是从一周目本应该全部讲述清楚的内容中选择一部分放到二周目里。站在玩家的角度，二周目不可避免地陷入重复乏味的境况中。所以真的从游戏本身的设计考虑，二周目的核心要素还是给玩家提供更多的挑战空间，对普通玩家来说一周目就足够，只有对于少部分玩家来说二周目可以尝试挑战，但不是必需的。

随着大制作 3A 游戏越来越多，游戏内容越来越丰富，不再需要多周目延长游戏时间，传统意义上的多周目游戏也逐渐减少。

第 3 章

死　亡

血量

电子游戏里的血量一直是一个很另类的设计，因为在现实世界里我们根本不清楚自己的血量有多少。读者能看出来自己的生命还剩下多少吗？没人看得出来，而在游戏里这直接被数字化了。一般游戏行业的研究者认为，电子游戏里的血量设计的灵感来源是弹珠机的弹珠限制。在第二次世界大战后的几十年时间里，玩弹珠机一直是美国年轻人的主流娱乐方式，后来的《龙与地下城》等桌面游戏在设计时不自觉地带入了弹珠机的设计思路。

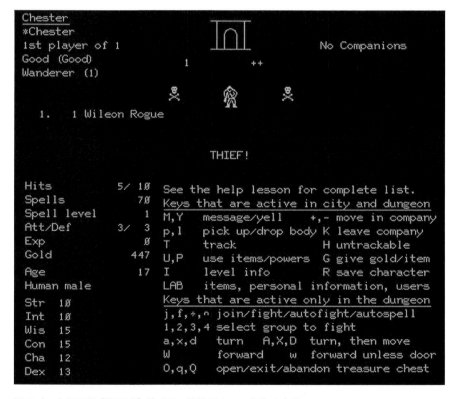

图 3-1　在最早的《地下城》游戏里，就使用了 Hit 作为生命值

血量在中文语境里一直有个困境。

在英文语境下，HP（Hit Point，打击数）和 Life（生命）、Health（健康）、Vitality（生命力、活力）、Wound（创伤）等一系列单词都可以用来形容血量，针对不同的情况和不同的游戏可以使用不同的单词，而在中文里血量和生命值几乎指代了所有内容。

典型的就是在欧美游戏和日本游戏里，有建筑物的游戏都会用 HP 来指代血量，因为 Hit Point 本来的意思就是可以挨打的数量，这个词用来形容建筑物是没有问题的，但是在中文语境里，用血量或者生命值形容建筑物就会显得十分奇怪。

在血量的问题上，游戏玩家和游戏开发者可能有截然不同的理解。本质上，游戏里的血量或者生命值并不是指玩家可以在游戏内生存多久，**血量是玩家在游戏内的容错率**。血量只是一种表现形式、一个工具而已。

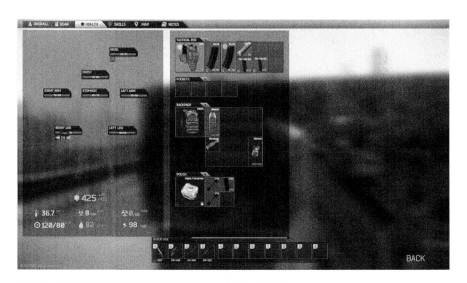

图 3-2 《逃离塔科夫》里的血量细化到了身体的每个部位

除了血量以外，一些游戏里还设置有蓝量，一般指的是使用魔法等技能需要消耗的数值，大部分电子游戏遵循了这种红蓝条的二元设计模式。两者虽然都是控制游戏节奏的工具，但是本质上有着相反的思路。玩家的血量是保证玩家获胜的根本条件，而蓝量的作用是防止玩家太容易获胜。这种多元化的数值限制也是一种先进的游戏设计思路，比如 RPG 和 MOBA 类游戏中常见的能量以及怒气都是类似的数值系统，极大程度地丰富了游戏玩法的层次感。

我们说回血量。

游戏里的血量和生命值一般有四种设计。第一种是多数横版游戏会采用的设计，玩家只有一条命，发生任何错误都会直接死亡，但为了增加游戏内的乐趣，也会添加无敌的机制；第二种类似《塞尔达传说》，游戏里没有明确的数值化的生命值，而是用一个个“小心心”表示，大部分游戏里，这种生命值的表示方式是前一种的强化版，提高了容错率；第三种是绝大多数 RPG 所采用的复杂数值体系的生命值，比如《暗黑破坏神》和《仙剑奇侠传》里，都用一个具象的数字表示，这个数字也会随着玩家的等级提高和装备升级而增长；第四种是绝大多数射击游戏所采用的模糊生命值设计，玩家并不清楚自己到底还剩多少生命值，但是可通过屏幕变红等表现手法知道自己的生命值不多了。

这四种血量的设计显然有对应的目的，比如《超级马力欧兄弟》作为一款比拼反应和操作的动作游戏，最大的游戏乐趣就是玩家挑战极限的操作，所以把玩家的容错率控制在一个合理的水平是最重要的，而这个合理的水平就要相对低一些。

再比如第一人称射击游戏都在强调游戏的代入感，如果强制给玩家一个具象化的数字，让玩家知道自己的血量还有多少，就很容易打破这种代入感。所以设计为屏幕变红，让玩家意识到自己可能受伤了，既不会破坏代入感，还能暗示玩家自己大概的情况。

图 3-3　有清晰的血量标识一直是传统 RPG 的重要特征之一（《女神异闻录5》）

血量会降低，当然也会恢复。

血量的恢复也有一些不同的方式，比如使用药剂，或者找人治疗，当然很多游戏还有自动回血机制。一些 RPG 在脱离战斗后会恢复大量血量，甚至恢复所有血量，这就相当于血量只有在战斗时才有参考意义，没有一个更长周期的作用。其他类型的游戏里也有类似的恢复机制，比如前面提到的 FPS 里大多增加了"呼吸回血"的机制，意思是玩家只要脱离战斗就会慢慢回血，甚至是快速回血。这么设置的主要目的是，保证激战过程中爽快感的同时，给玩家一定的容错空间。这种机制虽然增强了代入感，却距离现实世界的情况越来越远，毕竟在现实世界里伤口不是呼吸一会儿的工夫就能恢复的，但这个设计最早是考虑过真实性的。

《光环》系列创造了第一人称射击游戏自动回血的雏形。《光环》里有两层血量设计，分别是护盾和血量，护盾会自动恢复，类似现在的呼吸回血，而血量必须借助药剂来恢复。但是之后的游戏逐渐放弃了这种两层血量的设计，直接选用了血量自动恢复。

　　当然，这种不显示具体血量数值的机制在高水平玩家看来多少是有些问题的，比如《反恐精英》里的血量就是一个明确的数值，对于职业选手来说，知道自己在游戏内的具体健康状况是十分重要的。这是《反恐精英》作为一款电子竞技游戏必须考虑的，**与胜负相关的重要信息一定要详细地展现给玩家**。这里讲个题外话，现在市面上有两种射击游戏：一种是鼓励精准射击的，像《反恐精英》，玩家很容易"暴毙"；另外一种是玩家很难"死"，对战几乎是靠铺天盖地的横扫的，比如《全境封锁》。《守望先锋》最开始对战体验不好其实就是因为它介于两种模式之间，玩家不会被"一枪爆头"，也缺乏机枪横扫的爽快感。并不是说这种设计是糟糕的，但是确实不符合射击游戏玩家核心群体的心理预期。

　　对血量的标记比较有趣的案例来自《神秘海域》，在游戏里掉的其实并不是血，而是你的运气。玩家在被射击的时候，下降的其实是躲避子弹的运气，在运气掉完以后，就会有一发子弹把玩家"一击毙命"。这也印证了我在前面提到的，血量的存在本来就是容错率的体现。

　　在某些游戏里，血量也会呈现障眼法。

　　《刺客信条》里，玩家最后的一点血会比看起来的多很多，当只剩下最后那一点血时会十分难死，这是为了让玩家有绝处逢生的快感，2016 年的《毁灭战士》里也使用了相同的机制。这些机制也有相反的使用，在《特殊行动：一线生机》里，玩家扔出手雷后，敌人会迅速躲开，但其实还是会被炸到，让玩家体会到了强烈的成就感。

　　在大多数讲游戏化的书籍里，作者会讲到游戏化有一个很重要的元素是量化，就是尽可能把周围的事物用精准的数据表示出来，然后围绕这个数据设计一些功能。血量就是电子游戏里典型的数据化案例，除了前文提到的那些外，血量的形式是一个先天的进度条，不光对于自己，对于敌人来说也是如此。在《英雄联盟》里，玩家打男爵的时候要时刻关注男爵的血量，因为只有最后一个击杀男爵的队伍才可以获得"男爵 Buff"，所以在《英雄联盟》

里很容易通过抢男爵来翻盘，而这时候男爵的血量就是一个重要的进度条。

血量还有很多更复杂的体现，比如《绝地求生》里，还剩下多少人同样是一种血量的体现，剩下的人越少，意味着你的生存空间越小。

电子游戏里的血量设计是非常有代表性的，**你看到的不是你以为的，本质上血量是控制游戏节奏的工具**，后文提到的金钱、武器装备和技能都是如此。设计者通过这些复杂的机制配合让玩家找到游戏的乐趣。

死亡和重生

人类只有一条命，但每个人至少都可以"一命通关"，只不过长度有点儿区别。在电子游戏里，玩家"死亡"并不意味着真正意义上的死亡，显然没有游戏开发者希望玩家在游戏里"死去"后就再也无法玩这款游戏了。死亡的本质是玩家在游戏内的状态发生了改变，从什么都可以操作的状态变成了什么都不可以操作的状态。

在游戏里，死亡的本质是宣告玩家这一次的尝试失败了。

死亡的设计在电子游戏里是十分矛盾的，**一方面死亡存在的最主要的意义是为玩家创造活下去的动力，当有死亡这个恐怖的可能性存在时，玩家才会想要在游戏里拼命地活下去，才能激励自己持续游戏；但另外一方面，在电子游戏里，死亡本身就是惩罚，去惩罚玩家不能完美地完成游戏。**

在游戏设计里，怕失败本来就是一种激励手法，所以好的游戏就要尽可能地控制这个度，**要保证玩家会因为失败而感到沮丧，但又没有沮丧到想要放弃游戏的程度。**

绝大多数游戏里的死亡设计并没有问题，真正有问题的其实是死亡背后的内容。

游戏里的失败是有负面反馈的，**死亡并不是糟糕的负面反馈，死亡只是一种表现手法，最糟糕的负面反馈是困惑。**玩家不知道自己是怎么"死"

的才是最糟糕的。比如《黑暗之魂》系列以难度高而闻名，玩家在游戏里"死"个上百次是正常的，但还有很多玩家乐此不疲，就是因为游戏里玩家虽然一直"死亡"，但是每一次玩家都能清清楚楚地看出来自己是怎么"死"的，这样在下一次就可以修正自己的操作。糟糕的反馈就是玩家"死"得毫无头绪，在游戏里毫无缘由、无规律地"暴毙"。另外一种糟糕的反馈是愤怒，很多玩家会觉得自己"死"得不值，常见的现象是玩家会在一些游戏叙事上表现得无所谓的地方突然"死亡"，而且是重复性的。

早期电子游戏里经常有"新人杀手"的设计，指的是让新手玩家突然"死亡"的机制设计。那时候之所以这么设计无非两个原因：一是为了延长游戏时间，所以做了很多完全不考虑玩家体验的设计；二是当时大部分的开发者根本没有给玩家创造好的游戏体验的想法和知识储量。《黑暗之魂》里就有很多"新人杀手"的机制，比如敌人经常放冷箭。但这些"新人杀手"并不会"劝退"玩家，一是因为每次死都是有明确原因的，会告诉你是以什么方式被杀死的；二是在玩家有了足够的游戏经验以后，这种死亡是可以避免的，有些陷阱是有规律的，并且都不是立刻触发，只要操作好是可以规避的。当然并不是所有陷阱都是这样的，也会有些突如其来让玩家意想不到的陷阱。玩家所谓"宫崎英高的恶意"[①]就是指这些陷阱。但这些内容对于一款本来就是高难度的游戏来说是可以接受的，甚至多少算是游戏的特色。

如果是一款从头到尾以难度著称的游戏，里面的高难度设计玩家是可以容忍的，但如果是一款正常的游戏，突然出现了难度极高的敌人，对玩家来说是不可接受的，哪怕设计得再优秀都是不可接受的。这关系到玩家对游戏内容的心理预期。比如《只狼》里的狮子猿和蝴蝶夫人都是相当不错的 Boss，但是把这两个 Boss 放到《刺客信条：奥德赛》里，玩家可能会选择直接删除游戏。做什么样的游戏，要看目标受众是什么样的人群，难度要合适。

---

① 宫崎英高是《黑暗之魂》系列的游戏制作人。

说回死亡，在电子游戏里，围绕死亡去做难度设计是相当合理的。

在绝大多数游戏里，玩家是靠胜利获取经验来提升角色能力的，而我们在现实生活里却是靠失败获得进步的，所以死亡控制做得好，让玩家在失败中获得成长，相对而言是最真实的设计。例如 Roguelike 游戏的核心思想就是在死亡里成长，前文提到的《只狼》和其他魂类游戏也是相同的设计思路。

死亡的设计重点是对应合适的死亡惩罚。

一般而言，最好的死亡惩罚有两个条件。一是**有操作空间的死亡，不能让玩家不可避免地陷入"死亡"**，当然这里说的不是"剧情上的强制死亡"。典型的例子是很多早期 RPG 会出现的问题，玩家发现绝对不可能打过 Boss，但是之前也没有给存档机会，如果死掉就要从很早之前重新开始。之后的一些 RPG 会在 Boss 战前强制给玩家安排一些杂兵战，这是为了确认玩家是否有足够的能力战胜 Boss，顺便还可以帮玩家提升等级。二是**死亡惩罚的损失是可控的**，不会让玩家因为一次失败而遭受不可挽回的损失。比如最糟糕的设计就是死后会丢失重要的东西，《火焰之纹章》系列里，你的队友如果死掉就真的在游戏里消失了，再也不会出现[①]；早期《传奇》里，和其他玩家 PK 就可能会有装备被爆掉；在《星战前夜》（*EVE Online*）里，所有的舰船都是消耗品，只要你被袭击了，舰船也就消失了。最离谱的设计是《僵尸U》里，玩家的角色死了就真的死了，并且死后会继承之前的装备，变成僵尸和玩家的新角色对抗。

现在这类设计越来越少，也是因为对于大部分玩家，尤其是新人玩家来说，体验过于糟糕。

死亡的惩罚应针对成本较低的资源，最好是可再生资源，而**死亡上的保护最好针对不可再生资源。**

---

① 这里并不是说《火焰之纹章》的设计不好，毕竟这也是游戏的特色之一，但这不代表该机制适合所有游戏。

这种近乎不讲情面的死亡惩罚可以应用在一些特殊模式里，比如《暗黑破坏神3》的专家模式里，你的角色死了就是真的死了，再也不能复活，所以必须时刻体验心惊胆战，仿佛真的是自己在游戏里一样；《神泣》的死亡模式也是如此，死亡模式里的角色会有更强大的属性。但是当角色死了，在游戏里就是真的死了。当然，这也是《神泣》的一个重要付费点，我们可以通过花钱来买复活道具让自己在死亡后的短时间内复活。

暴雪一直是一家非常喜欢在死亡惩罚上做文章的公司。比如《暗黑破坏神》里，玩家死掉后要去捡掉落的装备，而且是在没有任何装备的情况下去之前杀死你的敌人面前捡装备。《尼尔：机械纪元》和《黑暗之魂》里也有类似的设计，玩家死后装备和道具会掉落，必须到之前死的地方重新获取。在《魔兽世界》里，玩家则要控制灵魂找回肉体。简而言之，惩罚的对象其实都是玩家的时间，严格意义上来说这并不算是非常好的死亡惩罚设计，但好在游戏本身出色，也就削弱了惩罚带来的负面反馈。

死亡惩罚也可以是对玩家的精神刺激，比如早期的街机游戏，如果你死了，就会有很多战胜你的角色出来嘲讽你，这点也被之后的很多游戏继承。在《蝙蝠侠：阿卡姆骑士》里，你死亡以后敌人会站在你的尸体面前狠狠地羞辱你；在《恐龙危机》里，玩家要眼睁睁地看着自己被各种恐龙撕咬吃掉；在《怪物猎人》里，玩家在战斗期间死亡会被小猫用板车直接拉走，这也就是玩家俗称的"猫车"，虽然外人看着很可爱，但死掉的玩家会有一种强烈的屈辱感；在《仁王》里，死去的玩家会留下一个类似墓碑的血刀冢，于是在游戏里的某些地方会突然出现大量的墓碑，让人不寒而栗；在《英雄联盟》里，多死几次可能会被队友疯狂地"问候"，当然这是不提倡的。

很多公司也会在死亡上做一些特殊的创新，比如《异域镇魂曲》里真正的死亡本身就是游戏的最终目的；在《战地1》的序章里，玩家死亡以后不会导致游戏结束，而是会进入另外一个士兵的身体，继续扮演无情战场上的一员，玩家可以一直体会战争的残酷，不会影响整体游戏的节奏感；在《中土世界：暗影魔多》里，玩家的死亡会给敌人提升等级。

有的游戏角色的死亡也并不是真正的死亡，比如在《生化奇兵：无限》里，玩家死亡后会看到被小女孩抢救的场面；在《刺客信条》系列里，死亡就是同步失败，玩家控制的角色并没有在游戏里死亡。

有些游戏里的死亡效果也可以做得充满艺术感，比如《寂静岭3》，玩家可以在医院三楼找到一间有落地镜子的房间，之后镜子会涌出血液，等到血水遍地时再逃跑会发现打不开门，玩家只能眼睁睁地看着自己被血水淹死。这种设计如果在一款游戏里频繁地出现是相当糟糕的，过于浪费玩家的时间。如果只出现一次，就是非常强的艺术表达，尤其对于一款恐怖游戏来说。这不仅不会给玩家带来挫败感，还能升华游戏的主题。

死亡的设计在游戏产业里还有一个很实际的意义，街机游戏就是通过死亡设计来盈利的，毕竟死亡以后玩家需要再投一个硬币。在这里，死亡惩罚就是钱，所以早期的街机游戏整体难度非常高，电子游戏进入主机时代后降低难度也是因为收费模式的改变。

关于死亡还有最后几句话。

有个说法，人一共会死3次。第一次是你的心脏停止跳动，作为生物的你死了；第二次是在葬礼上，你的社会关系死了；第三次是在世界上最后一个记得你的人死后，你才是真的死了。而对于游戏的主角来说，真正的死亡就是你不再玩这款游戏。

胜负条件

游戏里，死亡是一种胜负条件上的判断，但绝大多数游戏里对胜负条件的判断要复杂得多，尤其是在多人游戏里，胜负条件的设计很大程度上决定了游戏的可玩性。

比如MOBA类游戏，其实玩家可以在游戏里死亡无数次，但是死亡并不代表失败，基地被拆除才意味着这一局游戏的失败。而**游戏里的死亡是更容易导致游戏失败的众多原因之一**。

MOBA 类游戏的死亡机制都是相似的，玩家死亡以后会在基地中复活，但复活需要时间，而这个时间跟玩家的等级直接相关。死亡时间存在的最主要的意义是保证后期有办法结束比赛，否则游戏就变得永无止境。这个时间就是可能导致游戏失败的原因，绝大多数 MOBA 类游戏后期的复活时间太长，导致一方被迫以少打多而结束比赛。

《英雄联盟》和 *DOTA 2* 作为两款最主要的 MOBA 类游戏，在死亡机制上与其他游戏有个重要的区别，就是 *DOTA 2* 有"买活"功能，意思是玩家死了以后可以花钱来快速复活。

买活增加了游戏的策略深度，玩家需要认真思考买活的时间点，这是优势。但买活的问题也是显而易见的，游戏的整体时间被拉长。*DOTA 2* 的 TI（The International *DOTA 2* Championships，*DOTA 2* 国际邀请赛）的平均时长一直维持在 40 分钟左右，而《英雄联盟》的 S 赛只有 30 分钟左右。早期 *DOTA 2* 的比赛经常能达到一个小时以上，TI7 小组赛 iG.V 对 Empire 的第二场比赛甚至超过了两个小时。原因之一就是游戏后期玩家不停买活，尤其在有炼金术士存在的队伍里，后期经常靠着频繁买活拖延时间。所以 *DOTA 2* 一直在削弱买活机制，比如加入了买活的冷却时间和更高的金钱消耗。

回到胜负条件的话题，MOBA 类游戏在胜负条件的确立上非常出色，最出色的一点就是层次感，或者说节奏感。

玩家控制的角色在游戏里会死亡，玩家在被拆塔以后，兵线和视野都会往我方基地移动，而这个移动最终会让基地沦陷。这种层层递进的关系是非常值得学习的，曾经有很多公司在手机端 MOBA 类游戏里做过很多颇具创新的尝试，让我印象最深刻的是减少甚至取消了游戏的外塔。这样设计的理由是显而易见的，就是让玩家可以在更广阔的区域里作战，不会被塔所束缚。但事实上，没有塔这个明确的目标物以后，前期玩家很容易变得不知所措，游戏体验并不好。

MOBA 类游戏的整个流程可以清晰地划分为五个阶段。

游戏的设计者只需要合理地控制每个阶段的时间就可以调整游戏的节奏。比如《英雄联盟》一直在尝试缩短玩家的对线时间，因为前期游戏节奏太慢；而 *DOTA 2* 里兵营不会复活，就是为了缩短从拆兵营到拆基地之间的时间，也是避免游戏后期节奏太慢的主要措施。

很多游戏在确立胜负条件时经常会忽视一点，那就是胜负条件一定要明确，同时一定要有层次地递进。**玩家需要一步步走向失败或者胜利，而不是突然失败或者胜利。**

第 4 章

金　钱

游戏内货币

和现实社会一样，游戏里也需要一套经济系统。设计可以正常运作的游戏内货币体系是游戏行业最大的难点，尤其对于网络游戏来说，几乎是决定一款游戏是否能留住玩家最核心的因素。

游戏中的经济系统分为三个重要部分：生产、积累、消费。

其中，生产和积累是最容易出问题的两个环节，一般情况下可以细分为下图的内容。

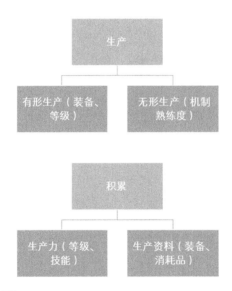

图 4-1　生产与积累环节

生产和积累这两个环节之所以不好控制，是因为很容易出现过量生产引发通货膨胀的问题，这点在之后讲通货膨胀的地方会专门提到。消费环节相对好控制，因为站在游戏开发公司的角度，只要设定好金钱的回收系统，结果总不至于太差——当然也有公司连这个最简单的事情也没做好。

　　我们说回生产和积累，亚洲的大部分游戏玩家和欧美玩家有截然不同的体会。**欧美玩家倾向于认同通过游戏时间和操作换金钱，而亚洲玩家倾向于认同通过法定货币兑换金钱。**

　　首先，游戏内的充值功能一定会先天性地"劝退"一部分玩家，**因为玩游戏是为了逃避现实，而花钱才能变强这件事又太现实了。**但事实上，只要看充钱的亚洲游戏玩家的分布就能发现，大部分亚洲玩家还是不花钱的，花钱的永远是少部分人，甚至可以说愿意在游戏里花大钱的在现实里本身也都是有钱人，所以对他们来说，在游戏里花钱变得强大和在现实世界里是相同的，而且在游戏里要更加简单，门槛更低。

　　电子游戏的充值行为很容易破坏游戏本身的平衡性。如果充钱的回报太高，那么对于不充钱的玩家来说体验非常糟糕；但如果回报太低，那么也就没人想充值了。所以，在 MMORPG 时代，中国游戏公司开创了一个独特的"开箱子"思路，给充钱本身增加了一个偶然性，让充值和不充值的双方都好接受一些。同时区分了游戏里的货币，实行了双轨制的货币政策，这个在后文还会提到。简而言之就是，"重氪"玩家可以通过人民币"开箱子"来获取高等级的装备，普通玩家则可以通过生产和用更多的时间积累资源，两类获取方式不会互相干扰。

　　再说游戏内的货币，也就是大家一般说的游戏内金币。

　　首先我们要知道游戏里的金钱是怎么获取的，或者说如何生产的，一般而言有三种方式：任务奖励、击杀奖励和交易。在绝大多数的单机游戏里，获得金币的数量是"击杀奖励 > 任务奖励 > 交易"。最明显的一点是，你在游戏里卖装备基本是亏损的。但在绝大多数的网络游戏里，获得金币的数量是"交易 > 击杀奖励 > 任务奖励"，情况截然不同。

　　这个情况之所以会出现，主要是因为单机游戏并不用过多地考虑游戏整体的生态平衡，也就是我前文提到的通货膨胀问题，所以只要精细地计算好玩家在每个阶段具体需要的金钱数量就足够了。而网络游戏要考虑通货膨胀问题，就必须把在主线流程，或者说在容易的流程中获得的金钱奖励尽可能地压低。这有点儿像现实世界，但凡容易的事情一定不会太容易赚钱。

换句话说，**单机游戏里的金币完全是控制节奏的工具，而网络游戏里的货币需要承担经济意义上的货币属性，所以设计的诉求是截然不同的。**

先从单机游戏说起。

金币的作用

绝大多数单机游戏里的金钱并不是货币，而是控制游戏节奏的道具。

一个典型的表现是，很多单机游戏需要玩家不停地提升装备才能推进后续任务，而装备需要用钱来买。所以在这种情况下，钱的使用范围非常狭窄，而且主要的目的是在一定程度上限制玩家的行为。这也是为什么并不是所有游戏的金钱概念都特别突出，因为还有很多其他的手法和机制能达到同样的目的。

在《超级马力欧兄弟》系列的一些游戏里，金钱的本质是路标，玩家看到天上飘着的金币，就知道要去哪里。在这里，金钱就是一个重要的引导机制，甚至对于大部分游戏来说，哪怕金钱缺乏实际用途，玩家也有收集的欲望。早期还有很多电子游戏是没有结局的，比如《俄罗斯方块》《大金刚》《吃豆人》都没有明确的结局，驱使玩家一直玩下去的核心措施就是游戏的积分，通过积分来对比谁的水平更高，这个积分其实就是当时游戏里的一种货币。这是一种人类潜意识里的竞争关系。

所以对于单机游戏的策划来说，金钱本质上和经验等级一样，都是一种特殊的数值机制，可以引导玩家合理且开心地完成游戏。

而网络游戏在金钱层面的设计要复杂得多。

图 4-2　在《超级马力欧》系列里，金币的一般等价物意义是被弱化的，金币更多是作为关卡
　　　的指引

游戏内的通货膨胀

　　网络游戏内的通货膨胀是很难避免的，对于单机游戏来说其实无所谓，但对于多人游戏来说，通货膨胀几乎是致命的。

　　"动森"里的大头菜交易是一个毁誉参半的设计，好的方面是提升了玩家打开游戏的频率，玩家每半天要上去看一看大头菜的价格；坏的方面是玩家可以去别人的岛上卖大头菜，这让大部分玩家可以轻松赚到钱，导致了游戏内产生了严重的通货膨胀。游戏上市四周后，几乎没有玩家再缺钱了，我周围的朋友在几周后全都成为游戏里的千万富翁，反而多少影响了玩家持续游戏的乐趣。绝大多数的日本网络游戏曾经遇到过类似的问题，显然，日本的游戏策划把单机游戏的货币设计思路带入了网络游戏。

　　在网络游戏出现的早期，游戏开发者也没有预料到游戏里可能产生通货膨胀，于是《网络创世纪》里过量的生产很快就让游戏内的货币和装备大幅度贬值，堪称灾难，甚至一度引起了一些经济学家的注意，让他们想分析究竟是什么原因导致了如此严重的游戏内的通货膨胀。之后，大部分网络游戏再现过这个无法控制的通货膨胀的过程。

最糟糕的案例来自《暗黑破坏神3》这个甚至都不太算是网络游戏的游戏。

游戏的内置拍卖行提供了非常丰富的道具交易功能，玩家可以在上面用人民币买金币和道具，也可以直接用游戏内的金币买道具。也就是给了玩家两种选择，对于人民币玩家来说，可以直接花钱购买金币和道具；而纯粹希望靠自己的双手努力的玩家，也可以在游戏内赚取金币以后到拍卖行购买道具。

《暗黑破坏神3》发布将设置一个拍卖行的消息以后，在玩家群体中引起了极大的争议，这个拍卖行和玩家的私下交易本质一样，只是暴雪会从中赚取15%的交易费，这种行为让不少玩家觉得暴雪过度贪财，但是暴雪还是决定上线拍卖行。《暗黑破坏神3》已经离职的首席设计师杰伊·威尔逊（Jay Wilson）在2013年的GDC（Game Developers Conference，游戏开发者大会）上表示过设计这套系统的初衷："它可以减少游戏中的欺诈行为，保护玩家的利益；它能够为玩家提供所需要的服务；仅有少数玩家会使用这一系统；它将对游戏内装备物品的价格起到限制作用。"但现实却走向了另外一个极端，没有一条是拍卖行做到的。

拍卖行的存在吸引了大量的打金工作室一拥而入，在极短的时间里，游戏内的货币疯狂贬值。游戏内从20美元兑换一亿金币到1美元兑换一亿金币只花了几周的时间，这个贬值幅度堪称游戏内的金融危机。随着暴雪封禁了一些明显的外挂账号，情况有所缓解，但货币贬值的趋势依然无法遏制。最终导致玩家必须要用美元购买金币才能在游戏内交易其他道具，因为玩家在游戏内获得的金币和直接在拍卖行上购买的产出效率差距过大，大部分游戏玩家一晚上的投入都不如花1美元买来的金币多。拍卖行从最早的针对两种群体都可以使用，变成了纯粹的法定货币交易市场。更重要的是，因为

《暗黑破坏神3》有联网属性，那些纯粹体验游戏乐趣的玩家发现自己无论如何都不如这些直接花钱的玩家，这反而降低了玩家的游戏兴趣。

《暗黑破坏神3》的拍卖行于2012年6月正式上线，2014年6月24日宣布永久关闭，只存活了两年的时间，这期间暴雪还数次调整拍卖行的模式，但都不成功。

《暗黑破坏神3》的问题是把货币的发行权交给了玩家，这相当于把中央银行的权力直接给了玩家，而玩家最终选择了无限制地发行货币，这种情况下，通货膨胀是完全无法避免的。

《奇迹MU》是早期罕见地解决了通货膨胀问题的MMORPG，或者说不是解决，而是玩家用智慧巧妙地回避了这一问题。事实上，游戏内货币通货膨胀非常严重，甚至严重到货币失去了流通性，但是游戏玩家想到了用宝石来充当货币。和游戏里常规的货币相比，宝石有两个非常明显的优点：一是获取难度较大，但稳定；二是作为一个必需品，每个玩家都需要，并且有稳定的消耗量。宝石交易几乎完全忽视了游戏里正常的货币单位，这也为日后的网络游戏公司提了一个醒，**本质上越接近以物易物的交易系统越不容易出现通货膨胀的问题。**

而之后《魔兽世界》的做法更加简单粗暴——每次版本更迭直接让货币贬值一次。虽然货币单位看着越来越大，但其实并没有造成严重影响经济生态的通货膨胀。

时至今日，绝大多数游戏公司已经摸索出了一套解决游戏内通货膨胀问题的常规手段。首先是必须要有好的货币回收机制，对于网络游戏来说一般有四种常见方法。

1. 装备绑定让一部分装备丧失流通性，这是《魔兽世界》一开始强调的一种方式，逼迫玩家必须通过自己的努力来获取一些高等级的强力装备。

2. 大量的游戏内消耗品是最简单的遏制通货膨胀的物品，玩家需要不停买药剂，不停在别处花钱。但绝大多数情况下效果并不好，原因在于可能会与游戏系统的平衡性发生冲突。

3. 修理费是非常典型的解决通货膨胀的方法，玩家只要进行游戏就必须频繁地花钱修理装备。类似的设计还有升级装备时有破碎的可能，总之装备作为生产力工具，如果坏了，玩家也只能一直在这上面投入。

4. 合理利用 NPC 的高价物品是在大版本更迭时比较好的解决通货膨胀问题的方法，当版本更迭以后，整体提高新装备的价格，让玩家必须从头开始赚钱，体验一次贫困的感觉。

除此以外，还有一种常见且好用的方法是区分货币，这也是前面《奇迹MU》的做法。游戏内的货币系统互相独立，那么也就减小了通货膨胀的可能性。中国历史上的铜钱就是一种类似的货币形态，绝大多数地域流通的铜钱和官方货币的兑换比例存在差异，甚至是不可互相兑换的。

现在，游戏里比较常见的一般是三种货币系统并行。

● 充值金币：指用法定货币充值的游戏内金币，一般是"开箱子"用，可以获取游戏内的顶级道具和装备，是为"氪金"玩家定制的金币系统。

● 游戏内货币：正常游戏获取的货币，货币获取量是最大的，但是这类货币相对也最不值钱，只能获取常规的道具和装备，保证一般玩家可以进行游戏。

● 限时货币：游戏内通过活动获取的货币，也可以获取顶级的装备和道具，但是难度较大。一般过了活动时限，这种货币就会作废，下次活动再使用新的货币。

对于愿意花钱的玩家来说，充值金币是唯一有价值的，因为和法定货币绑定，所以也不会出现通货膨胀，通货膨胀了，游戏公司会更加开心；对于不愿意花钱的玩家来说，限时货币是最有价值的，因为玩家可以获取以往只有"氪金"玩家才能获得的高等级装备；至于游戏内货币，在这时就变得不重要了，所以哪怕真的出现了通货膨胀，也没有玩家在乎，更不会影响到游戏本身的经济系统。

这三种货币体系建立以后，加上前面提及的货币回收机制，绝大多数情况下可以规避通货膨胀的问题。中国的很多游戏里甚至会使用更加复杂的货币机制，五六套货币同时使用的情况也偶尔可以看到。

这里讲个题外话，我在写这部分内容的时候，特地咨询了国内几个做游戏数值策划的人，问他们到底是怎么设计货币系统的，答复在意料之外又在情理之中：一是看其他公司这么做，自己也就这么做了；二是拍脑袋。这从某个角度说明，只要货币种类足够多，那么就很难出现通货膨胀了，无论换谁来设计都是一样的。

关于通货膨胀经常提到一个话题：打金工作室，它指的是那些在游戏内赚取货币然后兑换成真实货币的机构。显而易见，对于大部分游戏来说，打金工作室的出现容易导致严重的通货膨胀。同时，打金工作室和大部分游戏公司有明显的利益冲突，对于"氪金"游戏来说，原本应该由游戏公司赚走的钱被打金工作室赚走了。这也是时间付费游戏公司对打金工作室打击得不积极，而内付费游戏游戏公司一直在尽力避免打金工作室出现的原因。

宝箱和奖励机制

电子游戏驱动玩家持续游戏最主要的元素是激励，宝箱是游戏里最核心的奖励机制，也就是"鞭子和糖"里需要给玩家的那颗"糖"。电子游戏的奖励机制是非常重要的，很多游戏缺乏合理的奖励机制，导致玩家流失，比如 Valve 的卡牌游戏 *Artifact* 失败的最主要的原因就是缺乏奖励机制，玩家不花钱，靠游戏本身是很难获得提升的。

电子游戏领域的奖励机制非常多，甚至超出了游戏本身，比如 Steam、

PSN、Xbox 的成就系统也是一种奖励机制，对于很多游戏玩家来说，除了游戏本身，能够获取更多的成就这一点也是很吸引人的。绝大多数游戏的奖励机制是复杂的，有层次递进关系的。**好的游戏反馈应该是一系列复杂奖励机制的集合**，单一的奖励机制会让玩家感觉疲劳。比如游戏里击倒敌人以后有掉落装备的奖励，完成任务有任务奖励，并且这些奖励在游戏过程中会持续呈现给玩家。

电子游戏里，奖励本身也可以作为游戏的核心玩法，比如放置类游戏就是把游戏抽象成了不断获取奖励。

相比较直接给玩家确定的奖励，**宝箱机制最出色的地方在于创造惊喜**，玩家并不确定自己到底可以获得什么。关于随机性的话题后文还会提到，这里就不讲了。

宝箱其实是一种很奇怪的设计，因为我们在现实生活里根本见不到它，我从来也没有在地铁角落里见到过宝箱，也没有因为按时完成工作被奖励一个宝箱，这是典型的游戏世界里约定俗成的设计。除此之外还有"杀怪"和"盗窃"，这些都是现实世界里我们不会做，但是在游戏里又很常见的设计。

电子游戏里频繁使用的宝箱元素，本质上是早期以迷宫为主的游戏的遗留产物。前文曾经提到过，早期的游戏之所以有大量的迷宫设计是因为要延长游戏时间，让玩家可以在迷宫里走来走去，但这种走迷宫的反馈并不算好，尤其是发现走错路以后。于是，在这种情况下，宝箱就成为一种调节机制，游戏开发者在迷宫的各种角落，甚至死胡同里放置宝箱，就是为了让玩家觉得自己的时间没有白白浪费。所以一开始宝箱并不是纯粹的奖励机制，更像是一种补偿机制。但随着电子游戏的发展，宝箱的应用范围越来越广，宝箱也就成为纯粹的奖励机制。

在电子游戏里，宝箱并不是唯一的奖励机制，比如在南梦宫 1981 年的游戏《大蜜蜂》里，每隔三关会出现一个奖励关卡，在这里敌人不会攻击你，只会四散奔逃。在 1983 年的《马力欧兄弟》里，也有类似奖励金币的奖励关卡。之后的日系游戏里，经常会加入类似的设计。从本质上来说，奖励关卡也是一个宝箱，只是玩家的参与度更高。

类似的是一些游戏里的"哥布林"设计，比如《暗黑破坏神 3》里的哥布林就是移动宝箱，玩家只要击打哥布林就会掉落金币和宝物，打死哥布林以后会掉落更多。所以只要有哥布林出现，就会引起所有玩家的围殴。和传统的站着不动的宝箱比，哥布林为游戏增加了很多乐趣。

图 4-3 《暗黑破坏神 3》里击败哥布林后，它会掉落大量金币

电子游戏历史上有很多围绕宝箱做的设计。

宝箱还有可能出现惩罚机制，最有代表性的就是"宝箱怪"（Mimic），它看起来是个宝箱，但其实是个怪物。宝箱怪的存在很有趣，这种有可能创造负面惊喜的机制决定了其余的宝箱会变得更有价值。在玩家打开正常宝箱的瞬间，除了可以获取金币以外，还会庆幸自己遇到的不是宝箱怪。就好比有一个抽奖，奖品可以是中 500 万，也有可能是要倒贴 500 万，玩家如果打开

了中 500 万的宝箱，激动的心情可能比获得 1000 万还要高兴——总好过倒贴 500 万。当然，这种设计在现实世界里会显得非常不人性化。

图 4-4   早在《龙与地下城》时代就有了宝箱怪的设计

最后，宝箱在游戏里也可以起到给玩家提示的作用。比如在《歧路旅人》里，很多路径里都有宝箱，玩家看到后肯定会选择打开，这样玩家就知道自己已经走过这条路了，这也是我们在 JRPG 里经常可以看到的一种设计。

第5章

道　具

背包

RPG 的背包系统是一个很典型的游戏内拟真设计，模仿现实里我们需要带背包的情况。其中最经典的设计是，游戏里的背包空间和现实一样，是有限的。每个人都经历过出门调整背包和皮箱空间的情况，对于大部分人来说，背包的空间永远是不足的。这种设计也会让玩家有强烈的代入感。

从技术角度来说，游戏内的背包实现无限空间并不难，但是之所以不这么做有个很基础的原因，那就是如果背包里的东西太多了，玩家也无法快速找到物品，所以适当强迫玩家整理背包是很有必要的。当然这不是主要原因。

早在 Famicom 时期，游戏内的背包空间就是有限的。起初是因为硬件性能的限制，当时游戏存档都是依靠玩家记录密码，通常一位密码对应一件物品，背包空间无限就相当于玩家要记录无限的密码内容，显然这会是糟糕的体验。之后，开发者发现控制背包容量本身就是一种游戏玩法，就像有些人在现实里热衷收纳，喜欢在小空间里尽可能容纳更多的物品。

在《暗黑破坏神》里，不同的武器和道具占据不同的格子数量和位置，玩家需要合理安排自己的道具栏，尽可能放更多的物品，这里就用到了本书一开始讲的空间机制。在此基础上，一些游戏里背包的空间是可以扩大的，和等级一样，玩家可以通过成长产生成就感。这种背包机制也区分了立刻需要的物品和相对不重要的物品，玩家需要对物品进行判断和分类。

背包的另外一个作用是控制游戏节奏。想象一下，玩家带着 10 万瓶回血药剂打 Boss，每打一下喝一瓶，最终慢慢拖死了 Boss，虽然玩家胜利了，但是也丝毫没有成就感。显然也没有游戏策划想让玩家这么玩游戏。

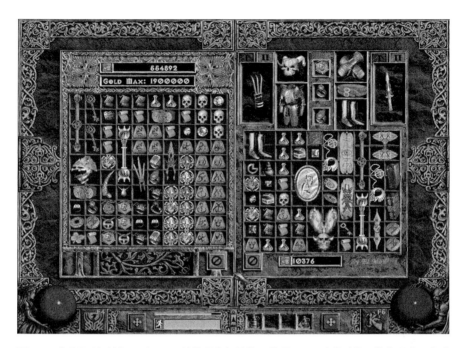

图 5-1 《暗黑破坏神》系列里不同的物品占据的格子数量不同，这就让物品的位置分配也成
　　　 为一门学问

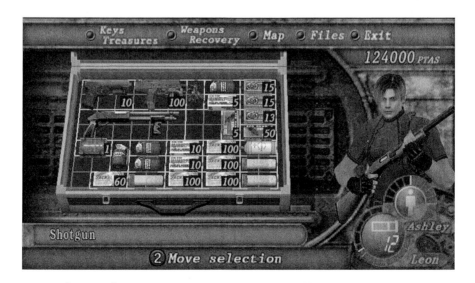

图 5-2 《生化危机》的背包也使用了不同物品占据不同存储空间的设计

　　背包的存在就是为了确保这种事不会发生，玩家必须通过调整自己的战术和合理分配资源战胜对手，同时也必须定时脱离战斗去补给。如果玩家一直在高度紧张的状态下进行游戏，就很容易对游戏感到疲劳，这并不是一件好事。所以**游戏开发者要控制游戏节奏，让玩家有舒张感**。设计让玩家定期补给就是一种制造舒张感的方式，虽然玩家在准备补给时会觉得沮丧，打断了游戏的节奏，但事实上合理的打断反而可以延长玩家的总游戏时间。

　　如果背包机制控制得当甚至可以成为游戏里的策略要点，比如《英雄联盟》游戏里的道具和装备共用六个空位，而游戏内的控制守卫至少要占用一个空位，每个玩家最多只能同时拥有两个控制守卫①。在游戏后期选择合适的时间回家补给控制守卫甚至可以影响整局比赛。而对于需要频繁补充控制守卫的辅助位选手来说，游戏后期经常出现要预留位置给控制守卫导致自己没空位买装备的情况发生，选择合适的时间购买合适价格的装备以保证自己的装备空间不会被卡死也是玩家需要考虑的重要问题。在 *DotA* 里情况更加糟糕，早期回城卷轴也需要占用格子，导致玩家不得不预留格子。哪怕现在回城卷轴已经不需要占用格子了，玩家还经常会在前期被大量的小装备和道具占用格子，以致格子不够用。

　　同时，很多 RPG 尤其是 MMORPG 里背包和仓库的双层设计也是一种游戏内经济体系，通过背包和仓库的双层容量限制游戏内物品的产出。背包限制了一次携带物品的数量，在战斗后玩家必须选择要携带的物品，放弃一部分带不走的。而仓库的上限决定了玩家不能一直囤积物品，必须消耗或者出售物品。

　　前文提到过通货膨胀的问题，如果可以控制玩家的金币获取和存储，也可以在一定程度上规避通货膨胀的出现。

---

① 截至 S10 还是两个控制守卫可以共用一个空位，但是至少留一个空位。

武器和装备

在古老的亚瑟王传说里，年轻的亚瑟拔出石中剑称王。在与伯林诺王的战斗中，石中剑被折断，之后亚瑟在魔法师梅林的指导下走到湖边，获得了湖中剑。这里的石中剑和湖中剑，就是西方世界里最出名的武器。中国的古代故事里同样也有著名的武器，从关羽的青龙偃月刀、张飞的丈八蛇矛、吕布的方天画戟，再到《西游记》里孙悟空的如意金箍棒，都是典型的强力武器。人们期望通过武器来大幅度强化自己的思路，从文学作品一路发展到电子游戏里。

游戏中的商品有两个属性：使用价值和交易价值。使用价值就是商品对于生产力的帮助的大小；交易价值就是玩家交易时商品的具体价位，这个价位被使用价值影响，但不由其单独决定。在单机游戏里，武器就是很典型的以使用价值为主的商品。

前文提到过血量和金币是控制游戏节奏的机制，武器和装备也是如此。游戏通过控制玩家获取武器和装备，限制玩家在某个阶段的战斗强度，来控制玩家的节奏。这样可以确保玩家不会过快通关，也不会在一个地方被卡死。

《暗黑破坏神2》是一款非常伟大的作品，和第一代相比，这一代明显弱化了等级的概念，强化了装备的概念，也提出了电子游戏领域里最重要的一个核心玩法——刷，玩家需要投入大量精力重复地在固定的地方获取高等级装备。很多人不理解刷的乐趣在哪里，解释起来其实相当简单：一是对未知奖励的好奇，二是对变强的无限渴求。这都是人类最本源的欲望。这种被戏称为"刷子"的游戏内容有它存在的历史证明，《暗黑破坏神》能打败《博德之门》就是因为刷的体验更好，刷的成就感更强。曾经Westwood还有过一款名为*NOX*的游戏，整体品质也相当出色，甚至堪称神作，却无法被人记住，有个很重要的原因就是装备系统过于薄弱，玩家不需要疯狂地刷装备。

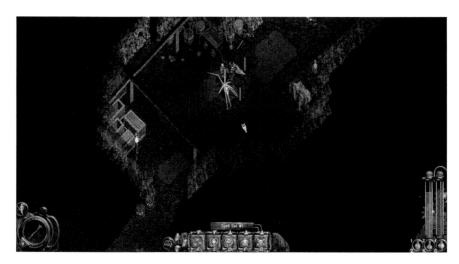

图 5-3 *NOX* 是一款优秀的游戏，但是装备和技能的设计都有缺陷

　　和血量、金币不同，游戏内的武器还经常承担激励作用。比如玩家击倒敌人以后可以获取新的高等级道具[①]，这会让玩家觉得此前的战斗没有白费。在多数单机游戏里这点并不突出，因为有主线剧情存在，完成剧情本身就是一种很好的激励。《暗黑破坏神2》就是单机游戏里做得相当出色的一款游戏，除了每个阶段的玩家都有追求高等级装备的诉求以外，还有一些高级的装备在整个游戏的生命周期里一直刺激着玩家的神经，比如《暗黑破坏神2》里的"死亡呼吸"，它有远高于其他装备的数值，在游戏上市十几年以后还激励着玩家在游戏内获取它。

　　在网络游戏里，新武器给予的激励更加重要。

　　网络游戏里的副本之所以能够驱使玩家一直参与，就是因为在副本中可以获取更高级的装备。绝大多数网络游戏的武器和装备可以分为下面四种。

　　● 无用装备：数值和实用性极差，玩家几乎不会在游戏内真正使用。这

---

① 相比较而言，游戏在血量和金币的提升上一般非常克制，所以激励效果相对不明显。

种装备存在的意义有两点，一是凸显其他装备的价值，二是作为分解材料使用。

- 常规等级装备：玩家在每个等级里遇到的最合适的装备，虽然不够强势，但是可以满足常规使用。而这类装备一般是任务奖励，或者有极高的概率玩家可以获取。
- 罕见装备：有强力数值或者特效的装备，能够明显提升玩家的战斗能力。这类装备一般在副本内或者击倒高难度 Boss 后可以获得。
- 纪念装备：本身数值和属性并不突出的装备，但是只有在一个时间段内或者完成特殊的要求后才能获得，类似纪念品。

暴雪是一家在装备分类上有大量创新的公司，比如《暗黑破坏神》系列的武器都用颜色区分，白色、蓝色、绿色、橙色等颜色分别代表武器装备的不同强度；而从《魔兽世界》开始又大规模地使用数字来区分装备等级。之后，大量的游戏沿用了这两种设计，通过一个明确的标志告诉玩家装备的优劣。

进入网络游戏时代，武器的频繁更新成为一款游戏的主要盈利点，其中罕见装备和纪念装备是经常被游戏公司设计来收费的。在网络游戏靠着点卡、月卡等时间收费的时代，游戏装备只能间接创造盈利，比如玩家为了获取高等级装备，必须延长自己的游戏时间，间接提高了游戏公司的收入，而进入以内付费为主的免费网络游戏时代，装备就变成了最直接的盈利点。

因为网络游戏玩家的平均游戏时长更长，游戏内的常规数值很难区分开不同玩家，于是装备几乎变成了唯一的区分方式，强力的装备也变成了所有玩家的最终目标。也是因为这一点，网络游戏才经常出现天价的装备。《热血传奇》里一把屠龙刀炒到过 10 万元人民币的价格，《梦幻西游》里，"无级别霜冷九州"属性不错的价格都在几十万元人民币，而"天龙破城"曾经卖到过上百万元的价格。

　　游戏内的道具能够卖出如此高价，主要还是因为它们能够帮玩家获得明显的能力提升。

　　也是因为网络游戏的武器和装备如此重要，所以大部分游戏公司在想方设法设计能够吸引玩家花钱的装备。但经常有公司因为设计上不节制，进而毁了一款游戏。《反恐精英 OL》的国服就是一个典型的案例，这款游戏大量推出强力武器逼迫玩家购物，里面甚至可以看到青龙偃月刀和小提琴。这样毫无节制地加入武器的结果就是，不熟悉游戏生态的玩家进入游戏后会以为自己在玩一款仙侠游戏。这也是这款游戏失败最主要的原因。

　　网络游戏里还有一些装备的设计严重偏离了设计初衷。

　　《英雄联盟》里有过一个装备，非常有趣，说它有趣是因为装备的设计是一个非常复杂的过程，而有时候玩家会做出设计师也想不到的行为。《英雄联盟》里的"死亡之舞"这一装备曾经在 2020 年重做，新数值如下。

　　+50 攻击力

　　+30 护甲

　　+30 魔法抗性

　　+10% 冷却缩减

　　唯一被动：造成伤害的同时会治疗自身，治疗量相当于实际伤害值的 15%。群体伤害的治疗效率只有 33%。

　　唯一被动：你所受伤害的 [近战英雄：30%‖ 远程英雄：10%] 会以流血形式在 3 秒里持续扣除。

　　这次更新和以前版本最大的区别在于增加了护甲和魔抗，相比较原有的攻击属性，"死亡之舞"变成了一件以防守为主的装备。

　　本来这次修改是为了让这件装备成为纯粹的近战英雄装备，因为理论上只有近战英雄有护甲和魔抗的诉求，但它反而几乎成为所有 ADC（Attack Damage Carry/Core，普通攻击持续输出核心）必出的装备，因为护甲和魔抗对 ADC 的生存环境改变很大。这件装备极大程度缓解了 ADC 位置生存困难的问题。也就是说，这件装备的设计初衷是不想让 ADC 使用，但它反而变成了 ADC 必出的装备。

装备作为电子游戏最主要的组成元素，还有很多更复杂的设计。比如游戏内的装备可能会承担叙事的重要线索。在《洞窟物语》里，如果你在和最终 Boss 决战前获得"飞行器 V0.8"，那么你就会看到女主角因你而死，如果你不拿这个道具，在之后的过程里可以获得更强大的"飞行器 V2.0"，女主角不会死，玩家也可以看到真正的隐藏 Boss 和结局。

武器，甚至这一章的所有道具，从机制角度来说，和下一章要提到的技能是相同的，多数情况下两类机制是可以互相转换的。

消耗品和药品

电子游戏里的药品也是一种典型的拟真设计，也是为玩家提供容错率的设计。

在回合制游戏里，药品的使用几乎是立刻生效的，玩家喝下药物以后立刻恢复状态，但是现在这种立刻生效的药品越来越少见，更多的是缓慢生效的，比如在某段时间内恢复多少生命值。之所以这么设计有两个原因：一是立刻恢复状态的设计不够拟真，毕竟我们在现实世界里也见不到哪一种药物吃下后可以立刻缓解病情；二是日后游戏开始转向即时战斗模式，如果玩家可以立刻恢复状态，那么很容易陷入玩家靠着药物耗死敌人的情况，显然这是影响游戏性的。所以**延时生效的药物一方面为玩家提供了容错率，另一方面也为敌人提供了容错率** [1]。

---

[1] 即保证设计师设计的敌人战斗的模式是成立的，而不会被玩家无限制地消耗，变成只有一种玩法。

　　关于药品的设计有个非常有趣的案例。早期中国公司开发的 RPG，一开始游戏里的药品基本沿用了日本和西方游戏里常见的"恢复剂"这样的命名方式，之后又出现了一些稍有中国味道的词语，比如金创药、止血草。《仙剑奇侠传》里的药品名称达到了一个本土化的高峰，里面除了有鼠儿果、还神丹、龙涎草、灵山仙芝、灵蛊、天仙玉露、蜂王蜜等一干与东方文化相关的名称外，还有鸡蛋、茶叶蛋、水果、酒、腌肉等食物作为恢复道具。这是《仙剑奇侠传》非常成功但被忽视的一个设计，丰富的中国化药物设计极大程度地提升了中国玩家的代入感。

　　游戏内的药品很容易影响游戏的核心玩法。

　　《英雄联盟》里有法力值的设计，多数英雄释放技能需要消耗法力值，尤其法师类英雄对其依赖度更高。早期《英雄联盟》设计有专门的回蓝药，玩家使用后可以在一段时间内恢复法力值，但是后来这个药品被删除了。主要的原因就是需要回蓝药的法师普遍爆发伤害高，清理敌方小兵的能力强，如果有回蓝药加持，法师前期可以快速清理兵线，同时还能保持高爆发伤害，这对于非法师英雄显然是不公平的。同时，制作方拳头公司在尽量加快游戏的前期节奏，太容易清理敌方小兵也会让前期节奏变慢。除了回蓝药以外，游戏后来还削弱了其他的回蓝道具，每一类英雄的设计一定要有劣势才能维持游戏的平衡性。

　　与之类似，早期《英雄联盟》里的回血药剂是不限数量的，曾经的"金属大师·莫德凯撒"虽然是法师英雄，但是使用技能不消耗法力值，这就使得他前期清理兵线的能力极强。所以当时普遍的玩法是，游戏一开始就把所有钱全部买成回血药剂，这样自己使用技能不消耗法力值，还可以靠着药一直回血，让对手难以抗衡。类似机制的英雄还有数个，严重影响了游戏前期的平衡性。最终，拳头公司限制所有恢复品上限为 5 个，强迫玩家必须回家补给。

　　再比如《暗黑破坏神 3》里没有单纯意义上的"奶妈"角色，之所以没有，主要原因可能是暴雪认为《暗黑破坏神》系列的玩家不喜欢类似的职业规划，而持续战斗又必须考虑玩家的恢复方式。但事实上，《暗黑破坏神》很另类地弱化了恢复药剂的效果，在频繁的战斗中血瓶可以提供的帮助十分有限。如果按照这个设计思路，《暗黑破坏神3》应该是一款持续战斗效果相当差的游戏，但暴雪做了一个毁誉参半的设计。在游戏里击倒敌人会随机掉落血球，玩家触碰后就可以回血，对于游戏的整体节奏来说，该设计非常出色，使得《暗黑破坏神3》的整体游戏节奏非常快。但问题是血球的出现是随机的，缺乏足够的主观可控性，导致游戏的不确定性因素过多。这也是血球机制备受批评的一点。

游戏内的消耗品和药品也是一种节奏控制机制，但这种机制非常容易失灵。

大部分玩家在游戏内有一种近乎病态的心理，那就是不愿意用消耗品，甚至很多时候一直到游戏通关也没有使用过多少消耗品，这种"病"也被戏称为"松鼠病"。

日本玩家为这种病专门取了个更好听的名字——终极圣灵药（ラストエリクサー /Mega Elixir）症候群。终极圣灵药是《最终幻想6》里出现的道具，可以让玩家一次完全恢复状态，因为太难获得，所以大部分玩家不愿意使用，甚至多数玩家到游戏通关都没用过。

类似的情况在绝大多数游戏里都能看到。《魔兽世界》里有个药品叫"月神之光"，这个药品很早就能获取，也没什么实际价值，但是因为每个角色只能获得一次，所以很多玩家到药品被删除也没用过。《炉石传说》里的"死亡之翼"有强力的数值，经常可以在逆风时翻转战局，但玩家经常在犹豫中到死也没打出来。《塞尔达传说：旷野之息》里有很多容易破碎的武器，并且无法维修，导致玩家根本不舍得使用。

玩家不舍得用消耗品是一个非常糟糕的问题，会让游戏策划的节奏感出问题。游戏开发方设计了一个非常出色的道具，但是大家都不用，显然这偏离了设计初衷。所以也有很多游戏会强迫玩家使用，比如《饥荒》里的物品有保质期，或者很多 RPG 中经常看到的中毒，这是在迫使玩家使用解毒药。总体而言，"松鼠病"并不会过度影响游戏本身的流程，只要真的危害到游戏角色的生命安全，再珍惜的药物，玩家肯定也会使用。

道具和装备的获取

一般认为一款 RPG 有四个核心系统：一个是承担叙事功能的任务系统，玩家在游戏里的故事都要靠任务来交代；其余三个是控制游戏节奏的等级、装备和技能的系统（这三个系统要配合控制玩家的游戏体验，而之所以有三个不同的系统，是为了丰富游戏玩法的层次性，并且随着电子游戏行业的发展，这种层次性会越来越强，越来越复杂）。

游戏内获取道具和装备一般分为四种情况。

- 任务获取：完成任务后获得的奖励，其中包括道具或者装备。
- 一般掉落：战胜敌人以后获取的奖励。
- 特殊掉落：在某些特殊环境下出现的物品，比如特定的时间或者完成了特定的任务，一般有不可复制的特性。
- 锻造：玩家在游戏内获取素材，然后自己制造物品。这也是电子游戏最常见的生产环节。

常见的游戏道具的掉落有四种不同的概率。

- 完全随机掉落：获取的概率是完全随机的，不会受到任何其他因素的影响。
- 计数掉落：当玩家重复了若干次以后一定会掉落某个物品，这是一种保底机制，保证玩家在大量重复以后不至于空手而归。
- 总值掉落：每次掉落会控制一个总价值，然后在这个范围内随机出现物品，在早期网络游戏里击败敌人的掉落很多是这一类。

- 预期掉落：程序会分析玩家的需求并给予掉落，比如玩家的套装只差一件时，会提高这一件的掉率。当然也有游戏是反过来的。

一些玩家可能对这些掉落方式感到熟悉，但并不是因为游戏内道具，而是因为抽卡游戏的抽卡机制。确实，抽卡机制和道具的掉落几乎是一样的设计逻辑，在后文会有专门的地方讲到这一点。

四种出现方式和四种出现概率互相配合，就涵盖了当今电子游戏里绝大多数物品的获取方式。有兴趣的读者可以排列组合一下，也许会发现很多有趣的设计。

在 RPG 历史上，《暗黑破坏神》系列一直是设计装备获取的教科书级案例。其中，《暗黑破坏神 3》的装备获取方式极为丰富且合理，最主要的获取手段有下面几种。

1. 锻造：在铁匠或珠宝匠那里锻造获得的物品，消耗相应数量的材料就可以获得。

2. 世界掉落：在游戏内直接掉落。

3. 商人卡达拉：通过冒险模式积攒的血岩碎片在卡达拉处针对性地获得传奇物品。

4. 赫拉迪姆宝匣：在冒险模式中完成悬赏任务后，可以获得一个赫拉迪姆宝匣，打开后可以获取装备。

5. 赛季限定：只会在当前赛季中掉落的物品。

6. 指定掉落：在特殊地段掉落的道具或者只有特殊人物才能获取的道具。

《暗黑破坏神 3》就是通过这些不同的道具获取方式，丰富了玩家获取道具的途径。

其中的锻造系统也是电子游戏里的重要组成部分，而且重要性越来越高。最简单的一个例子是《生化危机》里把不同的草药合成药品。锻造系统的作用有两点：一是可以让玩家参与生产，获得创造价值的成就感；二是其本质也是收集系统，满足玩家收集材料的欲望。

网络游戏有个普遍存在的设计，就是装备的强化机制。这指的是可以突破装备上限升级装备，常见的方式有：直接强化，如从"强化 +1"一直到"强化 +15"，甚至更高；打孔镶嵌强化，如装备有孔洞可以嵌入宝石来强化，等等。而在强化过程中除了会消耗资源，还有可能导致装备直接破碎。这种机制在单机 RPG 时代也有，但大部分游戏并没有使用，网络游戏频繁使用的主要原因有两点：一是作为重要的资源回收机制存在，在强化的过程中，玩家会消耗大量资源，前文提到过，网络游戏里需要大量的资源回收；二是刺激玩家充值，这是一个非常出色的付费点设计。所以大部分网络游戏的最强装备一般需要经过强化或者打孔才能得到。

MOBA 类游戏的无限叠加装备

很多玩家第一次玩 MOBA 类游戏的时候会陷入买装备的思维困局，尤其是传统的 RPG 玩家。我见过一个很有意思的玩家，他买装备的时候只买一把武器，问他为什么这么买装备，答复是："难道还可以买很多武器？"

RPG 的装备一般会对应明确的部位，鞋子一定穿在脚上，头盔一定戴在头上，盔甲一定穿在身上，一般会有一个主手武器，可能还有一个副手的盾牌。总之不会有游戏允许玩家拿六种武器——除非你用的角色是千手观音。和 RPG 相比，MOBA 类游戏里的装备几乎是纯粹的数值和机制工具，游戏本身并没有装备位置的限定。除了鞋只能有一双外，玩家可以随便买道具。当然限定玩家买一双鞋子的主要原因是，如果可以买很多，玩家移速过快，操作好的玩家几乎是无敌的。

在《王者荣耀》里确实出现过"出两双鞋"的打法，《王者荣耀》里并不限制玩家"出鞋"的数量，但是移速加成是唯一的，无论出多少鞋子移动速度都不变，但其他属性并不是唯一的。游戏里有一双名为"冷静之靴"的鞋子，特点是除了增加移速以外，还可以增加 15% 的"减 CD"。而鞋子很便宜，如果买两双，就相当于可以获得30%的"减CD"，这对于极其依赖技能CD的英雄来说是非常值的。所以有段时间，在职业赛场和高端对局里，经常会看到出两双"冷静之靴"的场面。

《英雄联盟》早期，所有玩家出门都是买最便宜的草鞋，因为除此以外也没有任何其他的装备可选择。S3以后，游戏加入了多兰系列的三件装备，针对不同属性的英雄玩家有了不同的出门装备选择。这种改变提高了所有英雄早期的容错空间，也从游戏一开始就增加了一些多元属性。

《英雄联盟》在S2曾经有过一件非常强力的装备"阿塔玛之戟"，这件装备的效果是可以将生命值转化为攻击力，最早在测试时是将4%的生命值转化为攻击力，在正式上线时改为2.5%，因为过强先后被削弱为2%和1.5%。这个特殊的转化效果导致游戏里可以出肉装的英雄得到了大幅度加强，在中后期会出现生命和攻击力"双高"的情况。更重要的是，这件装备的合成装备包括"贪婪之刃"，这件装备也被称为AD的"工资装"，效果是玩家每10秒获得3枚金币，每次击杀额外获得2枚金币。前期出"贪婪之刃"的性价比也非常高，这就使得升级到"阿塔玛之戟"的过程非常"平滑"。

最终，"阿塔玛之戟"因为定位过于尴尬被直接删除。

除此以外，知名装备"中娅之戒"和"冥火之拥"都因给予法师英雄过强的爆发伤害和容错空间被删除。

*DotA*中也有大量被删除的装备，比如"天鹰之戒"和"穷鬼盾"两件玩家喜闻乐见的装备被先后删除，这是因为这两件装备的普适性过强，大部分英雄可以用，而且性价比很高，这就降低了游戏的策略深度。

所以对于MOBA类游戏来说，一件装备完全没人使用和所有人都愿意使用都是设计缺陷，最好的设计是不同的英雄、不同的玩家在不同的游戏状况下，可以选择不同的装备。这一方面可以增加游戏的策略复杂性，另一方面也让玩家在游戏内的定位不会过于单一。

第6章

技　能

跑步和跳跃

从《超级马力欧兄弟》开始，游戏行业有一个很典型的设计，就是跑步键。尤其是对于《超级马力欧》系列来说，跑步几乎自始至终都是游戏最重要的组成部分，甚至任天堂做的第一款马力欧系列手游《超级马力欧酷跑》也保留了最重要的跳跃机制。

在《超级马力欧兄弟》里，按住手柄的 B 键就会跑得飞快。这其实是一个很奇怪的机制，因为《超级马力欧兄弟》里并没有日后游戏中的体力值设计，跑步并不会减少体力，所以理论上直接把一般移动方式做成跑步也是相同的结果。

但如果真的体验过一定会感觉现在这种方式更有趣，有三个原因：一是跑步的速度感需要通过传统的移动方式凸显，如果没有对比，玩家也无法体验跑步所带来的爽快感，而且这个爽快感是需要成本的，最简单的就是多按一个按键；二是在对比后可以看到跑步会给玩家带来更为强烈的感官刺激，在游戏里你跑步越过障碍物的操作难度要明显更大，操作的风险越大，操作成功以后的成就感也会越强；三是《超级马力欧兄弟》和以往的平台跳跃游戏有一个明显的机制设计区别，那就是跑步跳跃和原地跳跃的高度是不同的，跑步跳跃模拟了现实中的助跑起跳，跳跃高度会更高，这就丰富了游戏的玩法。所以在《超级马力欧兄弟》里，玩家会觉得跑步和跳跃两个动作仿佛浑然一体。

早期《超级马力欧》系列主要的竞争对手是《索尼克》系列。

和《超级马力欧》不同的地方在于，《索尼克》更加强调跑步，所以《索尼克》在速度感的营造上更加出色，玩家高速地奔驰在屏幕上是游戏最核心的乐趣。但事实上，《索尼克》这个系列日后的没落也和这个核心机制相关，因为玩家的速度越快，对开发的场景数量需求就越大，每一代游戏都要开发大量玩家可能根本不会注意到的场景，以致成本激增。而历代《索尼克》里，只要脱离速度要素，口碑都不好，这个系列完全和速度绑定在一起，这也是世嘉在这个系列上走进死胡同最主要的原因。《超级马力欧》的跳跃并不会涉及这种成本呈指数级增长的情况。

图 6-1　《超级马力欧兄弟》里，跑步和跳跃的结合非常流畅

我们说回跑步。

使用跑步体力值的机制最为典型的就是《塞尔达传说》系列，从《塞尔达传说：天空之剑》到《塞尔达传说：旷野之息》，都加入了跑步机制。跑步会消耗体力值，玩家不能长时间奔跑，在没有体力以后会进入疲劳状态，要休息一会儿才能继续跑。之所以这么设计也是和游戏自身的机制相关，一是因为《塞尔达传说》是一个很注重解谜的游戏，而体力本身就是谜题的一环，比如在《塞尔达传说：天空之剑》里有一些需要跑步才能上去的斜坡；二是在《塞尔达传说：旷野之息》以前，游戏是没有跳跃机制的，所以加速跑步成为跳跃的一种实现方法，当玩家冲刺到悬崖边时，林克会在游戏里自动起跳。有从业者解释，起初不做跳跃而用跑步机制触发跳跃的主要原因是为了增加游戏的紧张感，这可以让玩家形成一种警戒心理：万一掉下去死了

可怎么办？

　　跳跃也成为游戏里最原始的技能，日后还出现了二段跳和三段跳等超越现实物理限制的技能。这里讲个题外话，跳跃在电子游戏里是一个非常重要的技能，但在现实世界里我们却很少用到，至少我很少在日常生活里跳来跳去。

　　并不是所有游戏都有跳跃机制，《暗黑破坏神》就没有跳跃功能，主要原因是没有必要，俯视角的游戏只有 X 轴和 Y 轴。《剑侠情缘 2》被认为是最早一批模仿《暗黑破坏神》的国产游戏，但游戏里有相当多超越《暗黑破坏神》的优秀机制，最典型的就是跳跃，主角可以通过跳跃进入一些隐藏的空间内，极大程度地丰富了游戏的玩法，这也是那个时代国产游戏被忽视的创新之一。

　　日后游戏领域还出现过一个跳越机制的升级版，就是钩索。玩家射出钩索抓住远处的建筑物后可以把自己拉到目的地。《蝙蝠侠：阿甘之城》《只狼》里都有类似的设计，这几乎成为 3A 游戏的标配之一。和跳跃相比，使用钩索更加刺激和紧张，成功以后的成就感也更强。

　　钩索机制的产生有两个原因：一是随着开放世界游戏的出现，游戏地图越来越大，钩索可以减少赶路的负反馈，虽然也可以使用传送，但传送是一种相对缺乏现实感的设计，钩索相对而言写实很多；二是电子游戏进入全面的 3D 化时代，游戏空间越来越立体，跑步只能在一个平面内移动，跳跃也只能在一个相对低的空间移动，而可以跨越更高空间的机制成为必需品。当然，钩锁机制也需要真实感，蝙蝠侠使用钩索看起来非常正常，而《光环：无限》里身穿重甲的士官长用钩索就显得毫无道理，哪怕直接飞起来也比用钩锁看着合理得多。

　　为了解决 3D 空间快速通行的问题，很多游戏公司进行了相当不错的尝试，比如《刺客信条》里的"信仰之跃"，指的是从高处可以直接跳到草垛里，解决了从高处向下的通行问题，还保留了真实感。

图 6-2　钩索已经成为电子游戏最重要的组成部分

类似的机制还有滑翔翼，《塞尔达传说：旷野之息》和《渡神纪》都使用了滑翔翼机制，玩家可以从高处一跃而下，然后乘着滑翔翼飞往远方。

图 6-3　滑翔翼也逐渐成为开放世界游戏的重要交通工具

技能的设计

20 世纪 80 年代到 90 年代出生的日本年轻人和欧美年轻人，都有一个很"中二"的习惯，就是几个男孩子在玩闹的时候会互相喊"Kamehameha"，中国的一些动画观众对这个可能也很熟悉，他们喊的就是《龙珠》里的"龟派气功波"。龟派气功波是一个很典型的强力技能设计，喊出来是为了告诉敌人和观众技能的名字，这也源自西方剑与魔法故事里对技能的"吟唱"设定。

日本的漫画和动画非常擅长描写技能，这一点非常值得游戏开发者借鉴。那些漫画和动画里我们所熟知的技能大都有三个鲜明的特点：一是有明确的获取条件，主角在某种特定情况下才能习得，这个条件是其他角色很难满足的；二是技能要有明确的名字；三是技能要有梯度，合适的技能只能在合适的时间段使用。

我们从什么是技能开始说起。

在电子游戏里，RPG 格外依赖技能设计，甚至技能设计的好坏是评价一款游戏的重要标准。进入网络游戏时代，尤其是电子竞技时代后，好的技能设计几乎可以说是一款游戏的核心。

早期的技能设计大多是强化类，比如《吃豆人》里玩家吃了特殊道具以后可以反过来去吃幽灵，再比如《超级马力欧兄弟》里的"星星"可以让角色变成"无敌状态"。早期游戏中，有主动攻击特效的技能相对较少，这主要是受到技能限制，游戏内涵相对匮乏。现在，随着设备技能和开发能力的提升，游戏技能也越来越丰富。值得一提的是动作游戏为日后游戏技能的设计提供了很多有意思的范例，比如蓄力技，玩家需要按住按键，控制在一定的时间内释放以产生爆发性伤害；比如取消"后摇"，玩家可以通过操作取消技能结束后的动作动画，以此加快技能的释放速度；比如"受身技"，玩家在硬直状态下，可以立刻起身。这些格斗游戏的技能都提高了玩家的操作上限，让高水平玩家可以探索更加丰富和复杂的玩法。

在现代电子游戏里，技能机制的复杂程度直接影响了一款游戏战斗环节的趣味性。

从一般意义上来说，技能设计要遵循的原则有：独特性、操作空间、反制空间、团队配合、Combo。

- 独特性：看到某个技能，玩家能立刻想到对应的角色。
- 操作空间：技能不应该是无脑使用的，要有一些操作条件。
- 反制空间：技能不应该是无解的，一定要有办法克制。这个克制可以是主动克制，比如技能有消耗和冷却时间；也可以是被动克制，比如有其他人的技能可以压制这个技能。

- 团队配合：在多人游戏里，如果可以和其他玩家配合，就直接激活了团队游戏。

- Combo：打出连击。对于某些类型的游戏来说，如果技能可以打出连击，那么技能对玩家的吸引力会更强。这主要针对动作游戏。

下面是更为详细的技能设计时的参考图。

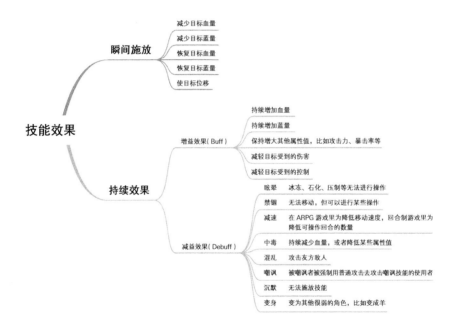

图 6-4　技能设计参考图

除了这些常规机制以外，我们还经常可以见到一些另类的机制，比如改变游戏地形。DOTA 2 "撼地者"的"沟壑"技能是制造一条沟壑，阻挡前进路线；《英雄联盟》里"德玛西亚皇子·嘉文四世"的"天崩地裂"是制造一个圈框住敌人。这类技能在传统的 RPG 里很少见，因为早期的技能更多的是数值技能，对机制技能的理解也更多局限于改变敌人的状态，但事实上游戏里是可以改变公共空间的状态的。

另外一个非常值得单独提到的是非指向性技能，这也是 DOTA 2 和《英雄联盟》最大的区别。

非指向性技能本身可能就是游戏的核心机制，比如《百战天虫》就是以技能的非指向性作为核心玩法的，当然，使用非指向性技能的主要是格斗游戏。

《英雄联盟》的玩家都有一个共识：这是一款格斗游戏。之所以玩家会这么认为，是因为游戏中有大量非指向性技能，玩家需要在战斗中快速反应，并将鼠标指针移动到需要的位置上。也就是说，相较于技能的搭配与合理使用，《英雄联盟》更侧重如何把技能打到敌人身上。

这样，《英雄联盟》就非常考验玩家的"手脑协调"能力和瞬间反应速度，这也使得《英雄联盟》的观赏性更强，门槛也更低，因为玩家不用从策略层面思考游戏内容，只需要看技能是不是准确命中对手即可。

而观赏性也是拳头公司在设计游戏技能时考虑的最主要的问题之一。在多人对战游戏里，能够营造出千钧一发的瞬间的技能都是好的设计，甚至可以说拳头公司一直在尽力营造的这种千钧一发的氛围，才是该游戏核心玩法的设计。比如《英雄联盟》里的位移技能很少，并且没有 DOTA 2 里"原力法杖"（推推棒）这种方便的提供位移的装备，最好的位移方式是 300 秒冷却时间的闪现技能。这种超长的冷却时间就凸显了闪现的价值，也就出现了"狂暴之心·凯南"的"闪现"大招和"盲僧·李青"的"闪 R"这种经典的游戏后期翻盘场面，如果"闪现"失败，那么就可能意味着整局比赛的失败。

《暗黑破坏神》和传统 RPG 的技能设计

《暗黑破坏神》的技能设计是传统 RPG 的教科书，甚至大部分传统 RPG 的技能设计多少受到了《暗黑破坏神》的影响。

在 2013 年的 GDC 上，《暗黑破坏神 3》的游戏总监威尔逊分享了游戏开发的一些心路历程（视频名为 "Shout at the Devil: The Making of Diablo III"），里面提到了很多关于《暗黑破坏神》系列的技能设计问题。

《暗黑破坏神 2》使用的是技能树（天赋树）的设计，这个设计有三个特点：使用技能点、有等级要求、有其他技能的最小等级要求（一般都是以树一样的外形来表示）。这三点使得技能变成了数学游戏，绝大多数使用技能树的游戏里，玩家会在大部分过渡技能上只点一个技能点，而这个技能点其实是一种浪费。这种过路点的存在，导致游戏在技能层面的策略深度并不深，玩家一般只是希望最终获得某个强力的属性或者技能，因为这样从数学角度来看获得的收益是最大的，他们根本不熟悉其他技能，所以中间环节只能被迫浪费在这些过路点上。同时，虽然在《暗黑破坏神 2》的时代技能树是一个优秀的设计，但是在现在这个时代，该设计绝对称不上是好的。现在很多使用技能树设计的游戏经常陷入技能过于复杂的情况，不能说技能树是一个差的设计，但确实在实际应用上需要考虑的内容可能比大家想象中的更多。

《暗黑破坏神 3》里取消了技能点的设定，取而代之的是"技能池"的概念，玩家有 6 个主动技能池和 3 个被动技能池，可以从每个技能池选择其中一个技能来装备。每个技能随着等级解锁，但是其技能等级都是一样的。这样明显丰富了玩家的选择，并且没有浪费技能点。

图 6-5　《暗黑破坏神 2》的技能树

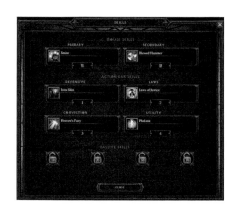 

图 6-6　《暗黑破坏神 3》的技能设计简单，清晰很多

威尔逊在演讲里还分享了《暗黑破坏神 3》技能设计的七个理念。

1. 高易玩性（Approachable）

2. 高度个性化（Highly Customizable）

3. 强力英雄（Powerful Heroes）

4. 合适节奏的正向反馈（Well Paced Rewards）

5. 重复可玩性高（Highly Replayable）

6. 优秀的故事背景（Strong Setting）

7. 多人合作模式（Cooperative Multiplayer）

他还分享了技能高度个性化的益处。

1. 玩家打造自己的角色（Building Your Character）：高度个性化下，玩家
   有一定的自由度去定义自己的游戏角色，不管是外表上还是战斗上。

2. 玩家的自我表达（Player Expression）：因为加入了个性化，可以满足玩
   家的自我表达的需求。

3. 玩家的身份标识（Player Identification）：因为玩家角色各不相同，所以
   有了独立于名字之外的身份标识。

4. 强化游戏深度（Source of Long Term Depth）：战斗上的个性化可以让玩
   家有多样化的战斗方式，这强化了游戏深度。

5. 强化游戏的重复可玩性（Supports Replayability）：提供给玩家更多的探
   索空间和体验空间，让玩家重复玩游戏变得更有意义。

当然，《暗黑破坏神》也受到了《龙与地下城》系列的影响。在《龙与
地下城》的技能体系里有很多非常有趣的设计，比如治疗技能本身是一种正
反馈的技能，但是对于"不死族"来说却是负反馈，治疗技能会伤害"不死
族"，甚至会杀死"不死族"。日后这个设计在很多游戏里曾经出现过，包括
《最终幻想》系列。

《英雄联盟》里的技能设计

《英雄联盟》的技能设计在联网游戏里功过都表现得非常明显。

《英雄联盟》早期的符文系统是单纯的数值加强，每个玩家有 30 个空
位，可以通过插入符文强化某个方向的属性，但在之后被修改，现在的符文

系统更接近被动技能，不同的符文有对应的技能效果。这也是《英雄联盟》这些年比较成功的大改动之一，除了原有的 30 个符文玩家收集困难以外，更重要的是通过技能化的设计增加了游戏的多变性。

比如部分英雄靠着不同的符文搭配实现了不同的玩法，甚至会出现同一个英雄因为搭配不同的符文仿佛变成了不同英雄的机制差异。

前文曾经提到过技能设计的参考图，它在《英雄联盟》里有更为典型的应用。

第一类技能是前文提到过的非指向性技能，《英雄联盟》里绝大多数的控制和高伤害技能是非指向性技能，这是和 DOTA 2 最大的区别。非指向性技能极大地拓展了操作的上限，玩家甚至需要预判对手的行动来释放技能。当然对于每个玩家来说，也可以通过自己的走位来躲避对方的技能。

第二类是叠加效果技能，意思是玩家需要叠加某种特殊条件以后才可以触发更多的效果，比如《英雄联盟》里"薇恩"的 W 技能"圣银弩箭"，在最高等级下，玩家的每三次普通攻击会对对方造成 14% 最大生命值的真实伤害，这个技能让"薇恩"成为这款游戏后期实力强劲的射手之一，按百分比造成的伤害可以无视对手的护甲。这类技能的设计其实是一个战斗环节的小奖励，和开宝箱给人的感觉差不多，每完成一个小目标就可以获取相应的收益。而且，因为叠加效果技能基本是与战斗相关的，所以游戏节奏很容易越来越快，现在主流的三款 MOBA 类游戏里，节奏最快的《王者荣耀》也是这类技能应用最多的游戏，超过一半的英雄都有类似技能，而节奏最慢的 DOTA 2 则是这类技能应用最少的。除了技能以外，这种层叠设计在《英雄联盟》的其他地方应用得也很多，比如装备，"梅贾的窃魂卷"和"鬼索的狂暴之刃"的被动效果都是叠加效果；再比如游戏内的"小龙 Buff"的效果也是叠加效果。

第三类是蓄力类技能，玩家按下技能键以后，需要等待合适的时机释放，比如"猩红收割者·弗拉基米尔"的 E 技能"血之潮汐"，这个技能在按下键后会进入蓄力状态，蓄力的时间越长，伤害越大，当玩家主动放开按键或者到达蓄力最大时间，技能会释放。蓄力类技能非常考验玩家的操作，一般有这种技能的都是操作难度较高的英雄。

第四类是不同英雄的技能联动，典型的是"虚空之女·卡莎"的 R 技能"猎手本能"，这个技能可以让卡莎飞到一个敌人的身旁，但是这个敌人必须有卡莎的被动电浆效果，卡莎的 W 技能"虚空索敌"击中敌人可以让对方出现电浆效果，但在实际战斗里操作难度很大，敌方很容易躲避。所以就设计了一个特殊效果，自己队友的定身技能也可以帮助卡莎打出电浆效果，这样卡莎就可以在队友的帮助下飞到敌人身旁。所以大部分情况下，卡莎要依赖队友的配合，才可以找到合适的机会进场。

第五类是空间限制技能，比如"德玛西亚皇子·嘉文四世"的 R 技能"天崩地裂"，这个技能会冲向敌方一人或多人，并且制造一个有碰撞体积的圆环框住敌人，限制敌人的行动。与之类似的是"青钢影·卡蜜尔"的 R 技能"海克斯最后通牒"，它也是创造一个限制移动的区域，有些不同的是，针对嘉文四世的 R 技能，对方可以靠着闪现等其他位移技能逃脱，而对于卡蜜尔的 R 技能，对方不能逃脱。

我国和海外的游戏策划圈子都曾有过一个经典讨论:《英雄联盟》里设计得最好的英雄是哪一个?

讨论大多集中在两个英雄上，"寒冰射手·艾希"和"魂锁典狱长·锤石"。从出场率来看，艾希是整个《英雄联盟》出场最稳定的 ADC，尤其是在重做以后，虽然在多数版本中，她不是最热门的 ADC，但是在绝大多数版本中能使用，在职业赛场也都有出场。这和她的特殊机制有关，她最重要的 E 技能"鹰击长空"可以让对方英雄在一定范围内暴露。在游戏越高端的比赛里，视野越重要，尤其是前期如果知道对方"打野"的动向的话，优势就非常大了，这个技能也是游戏里提供视野帮助最大的小技能。另外就是 R 技能"魔法水晶箭"可以提供超远距离的开团或者反手保护功能，这对于 ADC 来说也是十分难得的，所以只要这两个技能的机制存在，总归会有上场的机会。而锤石的情况更加极端一些，甚至有职业选手认为只要锤石技能不变，哪怕把所有数值伤害都调整为 0，这个英雄还是可以在职业赛场上出场。Q 技能"死亡判决"可以拉住敌人，再次激活可以把自己拉向敌人；W 技能"魂引之灯"可以把队友拉到自己身边；E 技能"厄运钟摆"可以把敌人推开；R 技能"幽冥监牢"可以提供一个范围，当敌人通过这个边界的时候会被迫减速。这些技能在游戏作战过程中提供了极大的灵活性，因为机制过于优秀，所以技能的伤害并不重要，从另外一个角度也可以说技能伤害必须低，否则就太强了。

《英雄联盟》在 S7 以后，英雄的设计越来越重视技能机制的重要性，比如"解脱者·塞拉斯"的 R 技能"其人之道"可以偷取对方英雄的 R 技能，这个技能可以让塞拉斯在一些非常有趣的情况下出现，比如对方有不少英雄的 R 技能非常优秀，所以可以反手以塞拉斯作为克制，对方越强，自己就越强，当然在 DOTA 2 里还有机制更加灵活的"拉比克"；"铁铠冥魂·莫德凯撒"重做后的 R 技能"轮回绝境"是把对方拉入另外一个空间内，提供强制的 1V1 对决，这个技能可以让莫德凯撒哪怕不吃游戏内的资源也可以在团战里发挥作用，只要把对方最有用的英雄拉入轮回绝境中拖延时间，自己的队友就可以在外面解决剩下的人；"血港鬼影·派克"的 R 技能"涌泉之恨"在斩杀掉对方敌人后，可以让我方另外一个英雄获得一样的金钱收入，这就使得只要有派克在，队友就很容易获取大量金钱。

当然，后文也会提到，机制滥用也会引起更严重的连锁问题，《王者荣耀》面对的就是这种情况——技能的自我制衡，当英雄拥有强力技能的时候，一定有负面效应存在。

比如前文提到的"寒冰射手·艾希"，其一直没有办法变成最热门的 ADC 就是因为她没有位移技能，虽然可以提供视野和控制，但是很容易在游戏过程里暴毙；虽然"解脱者·塞拉斯"的 R 技能可以偷取对方的技能，但是这个英雄是一个近战英雄，而最适合打的中路和上路很容易遇到远程英雄，这会导致他对线非常困难，所以一段时间里塞拉斯也被用来"打野"，但也有"打野"速度慢等问题；"铁铠冥魂·莫德凯撒"几乎有以上两个英雄所有的缺陷，没有任何位移技能并且是打近战，导致打远程很难对线，并且很容易被"抓死"，甚至连技能都打不中人。

技能和属性的克制关系

游戏里属性设置的源头比电子游戏的出现早了几千年，公元前的古希腊就有了四元素的世界观，当时就包括了风、火、土、水四种属性，之后亚里士多德又提出以太元素对应天体的说法。而这些就是现在我们在游戏里经常看到的设定，从《龙与地下城》开始，技能和属性的克制关系就是一个非常主流的设计。

设计明确的克制关系是为了区分技能带来的功能性，也是为了增加游戏的策略深度。

我们绝大多数人从小就在接触属性的克制关系，并且都玩过这类游戏。技能的属性克制关系本质上就是石头、剪刀、布。当然，绝大多数游戏里的表现手法不会这么简单，但起到了一样的效果。

属性的克制关系大多是一个循环制约关系，意思是"石头 > 剪刀 > 布 > 石头……"不断循环，也就是下面这种环状关系。

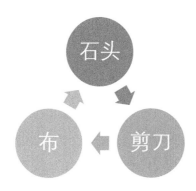

图 6-7　石头、剪刀、布的克制关系

这么设计是为了保证每个属性都不会过于强大。

电子游戏里最常见的属性克制关系是三点牵制。就是石头、剪刀、布的关系，在游戏里的体现一般是水火木三点关系，水克制火，火克制木，木克制水，克制关系能够使伤害加倍，被克制则使伤害减半。这种三点的克制关系虽然表面上可以做到三角平衡关系，但是存在一个致命问题，就是属性权重过大，可能影响整体的游戏体验。所以单纯的三点克制关系在游戏里并不常见。

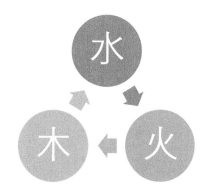

图 6-8　水火木的三点克制关系

一种常见的属性克制关系是《智龙迷城》里使用的双系统克制关系，除了典型的水火木三点克制以外，还存在光明和黑暗的互相克制。而光明和黑暗的克制关系和水火木之间是无关的。这种克制关系使得光明和黑暗两个属性非常强大，除了光明和黑暗可以互相造成双倍伤害以外，这两个属性不存在伤害减半的攻击对象，攻击水火木都是正常伤害。

除此以外还有一种四点或者五点的克制关系，最常见是的水火木雷的四点设计，水克制火，火克制木，木克制雷，雷克制水。这种看似更复杂的情况虽然增加了游戏的策略深度，但是也存在明显的缺陷，那就是跨越的属性之间是无关的，并不是所有属性都存在互相克制关系，比如水和木就不存在克制关系。四点设计还好，如果是五点或者更多的克制就会让属性克制显得有些"鸡肋"了。

所以在一些游戏里，为了平衡属性的克制关系，同时兼顾游戏性，会设置极其复杂的属性，比如《精灵宝可梦》的属性克制关系就多达数十种。

除了直白的属性克制以外，还有一种单纯的技能机制的克制关系。

技能的克制很多时候并不是用文字写出来的，有可能是更加复杂的机制设计。比如在动作游戏里，闪避是可以完全回避攻击的，就是说闪避在面对攻击时是可以完全克制攻击的。但是这样又会使得闪避过于无敌，于是游戏的一般做法就是使闪避有非常强的时间敏感性，比如在极端的时间内做出对应的操作，所以闪避是有失败率的。

图 6-9   水火木雷的四点克制关系

《英雄联盟》里有很多非常典型的技能机制克制关系，比如"疾风剑豪·亚索"的技能"风之障壁"和"弗雷尔卓德之心·布隆"的技能"坚不可摧"都是创造一扇屏障，阻挡来自某个方向的攻击，而某些英雄的技能又非常依赖远距离释放，就会被这两个技能直接阻挡。

嘲讽和防守反击

嘲讽本来指的是现实世界里对对方叫骂挑衅，激怒对方和影响对方的情绪。但是在电子游戏里，嘲讽是一种特殊的技能设计，作用是让对方攻击自己。这是在特殊团队作战时才会使用的技能，为了让自己的队友获得更好的生存空间，让对方只攻击自己。只要保证自己也可以生存即可，这就是团队作战最好的分工。所以嘲讽是一个非常先进的设计思路，它完善了团队分工。

和嘲讽机制直接相关的是仇恨机制。在 RPG 里，对方攻击谁虽然是电脑的选择，但并不是完全随机的，其中相对先进的设计就是利用仇恨机制。对方会判断谁是最大的对打威胁，然后主要攻击他。如果没有好的仇恨机制设计，就会让玩家感觉对方很傻，比如在早期很多游戏中，对方会一直攻击自己第一个攻击的人，直到把这个人打死。而且玩家只要一直为这个被攻击的人加血，对方就永远不会攻击其他玩家。

而嘲讽就是利用仇恨机制，把仇恨转移到自己的身上。

还有一个和嘲讽类似的机制是友军伤害，意思是在游戏里你可以伤害甚至击杀自己人，这种机制主要出现在 FPS 游戏里。这个设计主要是为了避免游戏里出现大量无解的战术。绝大多数 FPS 游戏内的手雷、燃烧弹等影响范围较大的武器会有"伤害友军"的效果，就是为了防止玩家滥用这类道具。假设没有"伤害友军"的效果，那么玩家完全可以不计后果地使用手雷，显然，整体的游戏体验会相当糟糕。

防守反击的设计简而言之就是给落后者更多的战斗力优惠。

游戏策划里有一个很重要的概念叫作**反馈循环**，例如《大富翁》里富人很容易持续变富，不停地买地，不停地收租，这称为正反馈循环。但是显然，正反馈循环只对领先者有优势，对于所有落后者来说都是消极反馈，所以就有了负反馈循环。例如在橄榄球比赛里，进攻方的传球空间是随着推进逐渐压缩的；在《超级马力欧赛车》里，大部分道具针对的是前面领先的人，这就使落后的人更容易有阶段性优势。在大部分赛车游戏里，落后的车会有一个隐藏的属性提升，让他们可以相对容易地追上前面的车。但是负反馈循环同样有问题，那就是对领先者有消极反馈，所以电子游戏平衡两种反馈的效果也变得十分重要。

在其他类型的游戏里也有类似的设计。

《热血江湖》里的"刀客"有一个非常另类的玩法叫作"反刀"，游戏里有一个名为"四两千金"的技能，这个技能的效果就是在玩家受到伤害以后，有一定概率给对方造成相同的伤害，于是游戏里干脆有人真的就以这个技能为主要伤害手段，让敌人打自己，然后把伤害返还给对方，"刀客"甚至在一段时间里成为最强的职业。

秘籍

游戏的秘籍设计本质上是开发者视角的技能。

最早的游戏秘籍都是"彩蛋"，在雅达利 2600 上的 *Adventure* 游戏里，输入创作者沃伦·罗比奈特（Warren Robinett）名字的首字母可以进入一个秘密房间，这也是游戏史上的第一个"彩蛋"。后来这些"彩蛋"就渐渐演变成了秘籍。

早期的电子游戏整体难度非常大，主要是为了延长玩家的游戏时间，那时候的玩家选择余地少，见过的游戏也少，只要有的玩就十分开心，对于难度不仅不敏感，甚至喜欢有挑战性的游戏内容。但这并不代表所有玩家都是如此，有些玩家并不喜欢难度太高的内容，而且哪怕喜欢高难度，也不意味着能挑战高难度。这种情况下，游戏就需要一个相对自由和动态的难度调整机制，游戏秘籍就是这种机制。

  所以，电子游戏最早设计秘籍是为了帮助那些水平不够的玩家体验游戏，另外，这也是一种惊喜机制，很多秘籍并不是单纯强化玩家，而是给玩家更多游戏本体没有的体验。

  游戏史上最出名的秘籍应该是科乐美的秘籍，甚至英文里专门创造了 Konami Code 来指代，这个秘籍就是"上上下下左右左右 BA"。第一款使用这个秘籍的游戏是 1986 年的射击游戏《宇宙巡航机》，之后的《魂斗罗》《忍者神龟 III：曼哈顿计划》《舞蹈革命》《合金装备 2：自由之子》《恶魔城：黑暗领主》等游戏都使用了这个秘籍（按键组合）。甚至电影《无敌破坏王》还致敬过这个秘籍（按键组合）。

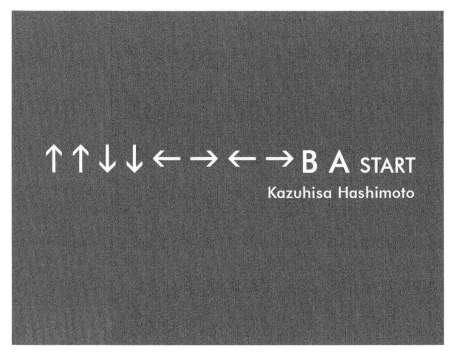

图 6-10 这个秘籍（按键组合）的设计者桥本和久于 2020 年 2 月逝世，科乐美和全世界游戏
    媒体都表示了哀悼

暴雪也很喜欢在游戏里加入秘籍，比如《星际争霸》的"show me the money"和《魔兽争霸3》的"whosyourdaddy"都是游戏史上的经典设计。

逐渐地，游戏秘籍也演变成了一种游戏文化现象。但这些年在新游戏里越来越难看到秘籍，核心原因还是开发者不希望游戏玩家可以通过某些方式打破原有的游戏流程。同时，现在的游戏的难度设计也更加合理，不至于有严重"劝退"玩家的内容。

游戏秘籍本身对于游戏行业来说并没有太大的影响，不过，游戏开发者想到游戏秘籍存在可能性这件事，象征了游戏设计师脱离了最传统的游戏设计套路，开始站在一个全新的立场去思考自己的游戏。

第 7 章

任　务

什么是好的任务

　　电子游戏之所以吸引人是因为有着明确的目的性，不像我们的人生充满了未知和迷茫。如果现实生活里每天早起后眼前出现一个详细的任务清单，那么生活应该容易得多。

　　游戏里的任务系统也是最难设计的一部分，甚至是多数电子游戏的唯一短板。这是因为游戏里的任务系统同时承担了两方面的作用：**作为任务需要有娱乐性，所以设计得有趣非常重要；另外，任务在大部分游戏里还要承担叙事的功能，给玩家讲清楚到底发生了什么故事也是任务流程里需要考虑到的。**而很多时候，这两方面有可能产生矛盾，这就使得任务的设计变得非常难。

　　在一些写游戏史的书里会提到，电子游戏的任务系统是随着 RPG 一同诞生的，但显然这种认知多少有些片面。事实上，从电子游戏诞生起，任务系统就一直存在，只不过最开始是以一种隐形的方式。比如雅达利的 *Pong* 就有明确的任务，玩家要击球是任务，要让对方接不到球也是任务。在《俄罗斯方块》里，调整合适的方块让一整排消除是任务，不让方块填满屏幕也是任务。只不过那时的任务并没有像日后 RPG 里描述得那么详细且复杂，那时的任务更像是游戏里的机制，需要玩家摸索。

　　而随着 RPG 的繁荣，游戏任务系统的设计也变得越来越明确且健全。

　　我们首先总结一下为什么游戏需要任务系统。

1. 塑造主线剧情和世界观。相比单纯的文字内容，层层递进地加入任务对玩家来说要更好接受，而且能够承担更多的叙事内容。

2. 让玩家可以更好地带入角色。任务系统可以让玩家对游戏世界本身有更多的参与感，玩家在参与的过程中会逐渐带入角色，把自己当成世界中的一分子，这也是电子游戏主要的魅力之一。

3. 烘托环境和氛围。电子游戏除了视觉上的氛围以外，可以在任务中交代大量和周遭环境有关的内容，让玩家感觉游戏世界仿佛是真实存在的。

4. 教学作用。在机制上，任务系统还要承担功能开启的作用，比如完成某个任务以后才可以解锁某个功能，在这个过程里层层递进地让玩家学习游戏的操作和机制。

5. 引导行动路线。任务系统很容易使玩家在广阔的游戏地图上无所事事，却也可以帮助玩家找到自己要去的目的地。所以在开放世界游戏里有相当多的任务是前往某个目的地。

任务系统是重要的，又是可以高度归纳化的。

游戏里任务的获取方式一般有五种。

1. 主线任务：游戏系统强加给玩家的任务，是游戏的主要剧情。

2. NPC 触发支线任务：在某个 NPC 那里获取的支线任务。

3. 区域触发支线任务：在某个特定区域获取的支线任务。

4. 物品触发支线任务：在拿到特定物品后获取的支线任务。

5. 时间触发支线任务：在特定时间获取的支线任务。

任务一般有下面九种完成方法。

1. 战斗：任务是必须完成某场战斗，但并不一定要胜利。

2. 收集：要收集某些物品，或者多种物品，这也是网络游戏里最常见和最容易产生负面情绪的任务。

3. 对话：完成和某人的对话，这是常见的以推进故事为目的的任务。

4. 护送：护送某人或者某个物品到达某地，一般一定会遇到一系列战斗。

5. 移动：玩家必须前往某个特定区域，《西游记》里的西天取经就是中国人熟知的移动任务。

6. 探索：探索新的地图区域。

7. 摧毁：毁坏某个具体的物品或者建筑。

8. 解谜：回答某个谜题。

9. 升级：玩家必须要达到某个特定的等级。

以上五种任务获取方法和九种任务完成方法组合在一起，就形成了现今电子游戏的大部分任务设计。但这只是最基本的设计方法，实际设计时需要考虑的细节还有很多。

玩家持续玩游戏的核心动力就是游戏策划不停地给玩家抛出的一个又一个新的线索，激发玩家的好奇心和胜负欲，这些线索最简单的体现就是任务和关卡。网络小说或者评书里的"下回分解"也是一样的目的，就是为了吸引人持续地关注。

所以好的任务和关卡设计一定要有明确的目的性，可以一直吊着玩家的胃口。

传统 MMORPG 里有大量拆解任务的机制，比如玩家等级提升到 100 级，需要击杀 10 000 个小怪物，但是如果直接告诉玩家你必须杀掉 10 000 个怪物，那就太枯燥了，所以就出现了很多击杀 10 个或者 5 个怪物的小任务。

但多数时候这些设计都相当糟糕，因为还是没有一个明确的目的。比如村长让你杀 10 头野猪，然后又要杀 10 匹狼，虽然对话里可能会给你一个原因，但是过于缺乏代入感，这也是传统 MMORPG 的瓶颈之一，即任务系统缺乏逻辑上的合理设计。我们玩游戏是为了躲避现实生活里来自领导和家庭无穷无尽的任务，但在游戏里还要完成各种烦琐的任务，这显然是有问题的。

《巫师 3》的任务系统非常出色，有四点很值得参考。

1. 重复度较低，不会让玩家觉得疲劳，大多数游戏的支线任务是收集类的重复性工作。

2. 任务的产生和流程是逻辑自洽的，不会非常突兀地出现和非常突兀地结束，传统 JRPG 就不是这样了，有时会没有任何逻辑地出现一个路人说要让你去做某件事。

3. 支线任务的塑造很完善，NPC 不只是一个单纯的提词器，每个 NPC

都有人物性格在里面。

4. 任务在地图上的节点设计非常合理，玩家不用跑很多冤枉路。

但《巫师 3》的任务设计也不是没有问题，甚至有严重的设计失误，这个设计失误就是支线任务的整体时长过长，而且和主线任务的关联性不强，和游戏主线有明显的割裂感。这方面更好的设计包括《博德之门 2：安姆的阴影》《荒野大镖客：救赎 2》和《神界：原罪 2》，这三款游戏的支线虽然也丰富且冗长，但是在剧情上和主线都是直接关联的，甚至在支线里会交代大量主线没讲清楚的故事，而在《歧路旅人》里，支线甚至已经开始分担主线的任务交代功能，游戏的真实结局需要在支线内触发。

对于多人游戏，因为主线流程相对模糊，所以设计起来就变得更加困难。多人游戏里，好的任务一定要增强玩家的代入感，而最好的代入感是使命感。

《魔兽世界》里的"安其拉开门"任务就是非常优秀的使命感设计，这个任务是《魔兽世界》里的一大更新，加入了大量新的元素和游戏内容。但是玩家并不能直接升级这个更新，必须通过自己的力量完成开门任务。和其他任务的区别在于，这个任务是以服务器为单位完成的，需要整个服务器的所有玩家捐赠大量资源。也就是说，在这个任务开始时，每个服务器的所有玩家都成了一个战队的成员，有了共同的利益，无论玩家是联盟还是部落。

这就让所有人有了明确的使命感：我如果完成任务，那么就帮助了整个服务器的玩家。

好的任务还要有强烈的戏剧冲突，这一点，《魔兽世界》的"安其拉开门"任务也实现了。

在《魔兽世界》里，帮助服务器完成资源捐赠，并且在之后 10 小时收集完成虫皮的玩家可以获得"安其拉黑色作战坦克"。"安其拉黑色作战坦克"在游戏内俗称"黑虫子"，可能是《魔兽世界》游戏史上最有纪念意义的坐骑。这个任务的触发出现了一个外部条件——完成全服务器的物资捐赠，以及一个内部条件——收集足够的虫皮。但这两个条件是有可能产生矛盾的，如果一个玩家没有攒够虫皮，是不希望服务器捐赠完成的，然而整个服务器的虫皮数量有限制，也就是说要攒够虫皮需要人的配合和更长的时间。所以事实上，"安其拉开门"任务紧张但并不顺利，服务器内部有各种对抗势力存在，他们甚至会正大光明地捣乱。

《魔兽世界》刚上线这个任务时，这种矛盾并不突出，核心原因是玩家不清楚"黑虫子"的价值，也没有深究过游戏机制。而在《魔兽世界》的怀旧服《魔兽世界：经典旧世》里，这个矛盾就被扩大化了。

另外，如果游戏强调的是多人对战，那么只要目标明确，也是好的任务，比如《英雄联盟》里拆掉对方基地，《绝地求生》里成为最后活下来的那一个。另外，《守望先锋》里的MVP也是一种多人制游戏中的常见任务。

早期的日本RPG和欧美RPG在任务系统的设计上有明显的区别。一是日本RPG有一个统一的任务中心，很多日本的穿越漫画有一个勇者工会之类的设计，在这里统一负责管理任务。早期的日本游戏也是，大多数支线任务是统一管理和分配的。而欧美RPG的支线任务甚至主线任务都有偶发性因素存在，可能在一个你认为没任务的地方突然就出现了任务。二是日本RPG对任务目的的描述更具体，大多数情况下会明确地告诉你去哪里找谁说话或者要买什么东西。而欧美RPG的任务描述更喜欢做宏观叙事，你每次要阅读大量问题，然后从中摘取真正的任务内容，也就是说，欧美RPG的任务系统在提供任务的同时还承担了更多的叙事功能。

在之后的时间里，欧美和日本RPG的任务系统进行了一次非常好的融合，现在我们已经见不到游戏里有专门的任务中心了。而任务的提示也更加明确，尤其是在大部分网络游戏中，任务的提示直接分为了两部分，一是承担叙事的背景描述，二是明确告诉你要干什么。

学过戏剧的人可以找到一个很好的类比，游戏里的任务对应了戏剧里的一场，而一个系列的任务就对应了戏剧里的一幕。

网络游戏的日常任务

无论是点卡制、月费制的网络游戏，还是"氪金制"的网络游戏，其核心盈利模式都完全不同于传统的买断制的单机游戏。最大的区别在于，网络游戏一定需要玩家持久地参与，在线时间越长，公司的直接收益就越高。所以，在网络游戏诞生初期，所有公司都在研究怎么能够让玩家每天都打开自己的游戏。这就有了日常任务。

即使没有玩过网络游戏，应该也不难理解日常任务。网络游戏的日常任务就相当于我们现实工作中的打卡上下班，每天需要在要求的时间内打卡上下班，才可以拿到当天的工资。

日常任务也是这么一种机制的产物，所以日常任务本质上是网络游戏商业化行为的一种产物，并不完全是传统游戏设计思路的延续。

常见的日常任务遵循四种设计原则。

1. 在游戏初期就要存在，一直延续到游戏生命周期结束。必须每天都要有日常任务，否则日常任务就无法让玩家形成启动习惯。

2. 每日只能完成有限数量，否则很容易出现玩家通过日常任务"刷资源"的情况。

3. 每日任务的奖励一般不涉及非常强力或者罕见的装备，基本是游戏的常规消耗资源，或者保底装备。

4. 每日任务不会脱离游戏的核心玩法和核心设定。

《英雄联盟》的首胜奖励是一个非常典型且设计优秀的每日奖励，玩家只要在游戏里取得一场胜利，就可以获得远多于其他场次的奖励。"首胜"的设计也非常巧妙，一方面是只需要一次获胜，这对于玩家来说负担很小，甚至大乱斗等轻量级的游戏模式也可以，所以完成任务并不是非常难；另一方面是强调要获胜，这可以让玩家认真对待这场游戏，不会因为失败也可以获得奖励就提前放弃。事实上有很多电子游戏的奖励是和场次挂钩，而不是和胜场挂钩的，这就导致了一批玩家疯狂地在游戏内刷场次，但并不在乎胜利与否。

另外一个很好的每日任务设计来自《炉石传说》。在《炉石传说》里，玩家很容易陷入单一英雄、单一卡组的窘境，当习惯了同一套搭配以后，玩家就不愿意更换内容了。但是《炉石传说》的每日任务奖励极高，并且奖励内容经常会强迫玩家更换英雄，玩家只要想获得每日任务奖励，就必须考虑卡组和英雄的多样性，这种任务设计也使得玩家不会轻易对游戏内容感到厌倦，对游戏一直有新鲜感。但暴雪显然只是发现了这种设计是优秀的，没考虑是不是所有游戏都适合这种日常任务。《风暴英雄》里采用了类似的日常任务设计，强制玩家使用新英雄参加比赛才能获得每日任务奖励。但《风暴英雄》是一款 5V5 的多人对战游戏，玩家如果使用新英雄比赛，确实可以获得鼓励，但其他 4 名玩家可能会因为新英雄落败而一同遭殃。更重要的是，《风暴英雄》的日常任务设计就是不考虑胜利与否，只要求英雄参加了比赛就可以。显然，这种做法会使之前提到过的情况恶化。

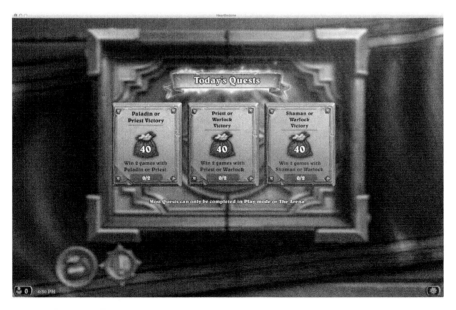

图 7-1 《炉石传说》里会强制玩家使用其他英雄

图 7-2　《风暴英雄》也会强制玩家使用不熟悉的英雄，但在多人游戏里这种体验并不好

　　可见，日常任务并不全是优点，而且现在大部分游戏里的每日任务都是缺点。

　　现在多数游戏的日常任务机制设计得过于复杂，甚至被大部分公司所滥用。大量毫无代入感的每日任务被硬塞给玩家，并且任务的成本也越来越高，在无形中"劝退"玩家。

为什么我们点外卖要凑单

　　在我们平时的生活里，到处都有任务，有些任务很容易让人接受，而有些就难以接受。

与游戏化相关的书籍会给你讲解其中有个重要的原因是动机，**一般情况下内在动机要比外在动机更容易被接受**。内在动机指的是发自内心而不是被他人强迫的动机，比如饿了吃饭要点外卖是内在动机，为了省钱而凑单也是内在动机。心理学里有个概念叫作"目标梯度效应"，比如当你在星巴克还差一杯咖啡就要升星的时候，就会有动力去买。同样，外卖要凑单也是这种效应的典型例子。外在动机是你明明不饿，不想吃东西，但是有人强迫你必须要点外卖，还要点个贵的，否则就不算完成任务。显而易见，这种任务的设置就相当糟糕了。

游戏化的书籍大都是讲"怎么借鉴游戏机制，并将其用在生活里"，但我们也可以反过来从现实生活出发去思考游戏机制怎么设计，这也是一种很好用但是常常被忽视的游戏设计策略。

从现实生活出发，游戏里有三种非常典型的内在动机设计。

1. 我要看后续故事：这是一般 RPG 最常用的手法，或者说是传统电视剧最常用的手法，在每集电视剧的最后给观众留下下一集的线索，吸引观众继续看后续内容。

2. 我要奖励：在现实生活里获奖以后有奖励是理所当然的，并且奖励也是驱使玩家在现实中完成挑战的主要动力，比如年终奖和绩效提升。游戏中最常见的是高等级装备，在游戏里频繁地打同一个地方或者对方，寄希望于掉落更好的装备。

3. 我要比别人更强：现实生活中，对于一部分人来说，超越别人本身就是有吸引力的一件事。而多数网络游戏建立在这一点上，这也是多人游戏的诱惑力，但并不是单人游戏就没有这种机制，最早的《铁板阵》《吃豆人》《大金刚》等游戏的积分系统也是用来向其他人炫耀的。

绝大多数游戏能够让玩家持续玩下去是靠着这三点，书里的大部分机制也可以归纳为这三点中的某一点。

第 8 章

合作和对抗

合作

自电子游戏出现伊始，从业者们就一直在探究多人合作玩游戏的可能性。网络游戏普及后，多人合作游戏已经变成了游戏市场的主流，玩家们也发现了，相比较单机游戏，多人游戏本身就有着特殊的魅力。

在游戏策划领域，有一个名为"拉扎罗四种趣味元素"的理论，这四种趣味元素分别如下。

- 简单趣味（Easy Fun）：玩家对新鲜事物感到好奇而产生的趣味。
- 困难趣味（Hard Fun）：玩家挑战某个障碍产生的趣味。
- 他人趣味（People Fun）：与朋友一起游戏，通过合作、竞争、沟通和领导带来的趣味。
- 严肃趣味（Serious Fun）：为玩家创造价值的趣味。

其中，他人趣味被认为带来的情绪上的变化比其他三者加起来还要多，这也是多人游戏受欢迎的原因。类似方向的研究大多提供了一样的结果，人类对多人游戏本身是有根本性诉求的。

中国玩家对红白机的共同回忆之一，就是南梦宫的《坦克大战》。这款游戏最大的魅力就是多人合作，家人和朋友一起玩游戏带来的快乐是单人游戏无法相比的。日后任天堂也靠着家庭游戏的思路夺回家用游戏机市场，以任天堂的逻辑，真正好的游戏应该是全家人一起坐在电视机前玩的。

而真正证实了多人游戏价值的还是网络游戏的普及，网络游戏让玩家在虚拟世界里开启了一群人的冒险。

早期的网络游戏，从《网络创世纪》到《传奇》，整体的游戏机制设计缺陷极大，一方面是缺乏足够丰富的游戏内容，玩家在游戏里很容易陷入无所事事、不知道自己要做什么的情况；另一方面是当时游戏的平衡性多少存在问题，要么太难，要么太简单，也没办法靠着游戏性吸引玩家。但事实上，那一批游戏依然有很多的玩家和很高的留存率，甚至在逐渐发展中构建了日后网络游戏的核心玩法和规则。当时的玩家之所以可以坚持在那些游戏里，多人游戏本身就是原因。

图 8-1　《坦克大战》是中国玩家对红白机游戏最主要的回忆之一

互联网市场一直有一个很重要的概念，即社交，BBS 之所以火爆是因为可以社交；QQ 之所以能够占领中国的互联网市场也是因为它的社交功能。而多人游戏本身就是一种重要的社交场所。所以多人游戏只要有社交场所的属性，就一定会有玩家，哪怕游戏的核心玩法存在缺陷也不影响这一点。当然，以后随着社交方式的选择越来越多，玩家对于游戏内容的要求也会越来越苛刻。

但网络游戏鼓励社交的做法一直没有变，大多数游戏提供了复杂的功能刺激玩家在游戏内社交，提高游戏玩家的留存率。在网络游戏里，适度地鼓励多人合作游戏可以提升整体的活跃性，比如《阴阳师》中，玩家组队通关副本时，副本掉率会增加，所以玩家就更加倾向于几人一起玩游戏。除此以外，大部分游戏里的公会系统也起到了相似的作用，玩家在游戏里组成了类似大家庭的公会以后，对公会本身就有了责任感和归属感。

笼统来说，现在网络游戏之所以明显依赖社交源于以下几点原因。

1. 游戏内的玩家互相交流，产生情感维系，提高整体的留存率。而留存率高，后续的付费可能也会更高。

2. 玩家之间的互相比较与竞争。

3. 游戏的社交体验做得好可以帮助游戏从其他社交媒体，比如微博、微信等获取新的用户。

游戏内常见的社交关系一般有五种。

1. 好友：最基本的社交关系，两个人添加了好友就可以互相交流。

2. 队友：在一起组队的人，可能是好友，也可能是系统随机指派的，但至少在这一次游戏内利益是相关的。

3. 师徒：老玩家带新玩家的一种社交关系，老玩家有责任感并可以获得奖励，也可以帮助新玩家更快提升。

4. 帮派/公会：游戏内更大的机构，有内部任务，内部人的利益也是绑定在一起的。

5. 夫妻：曾经国内网络游戏很喜欢做的一种关系，让两个人的利益完全绑定。

对于网络游戏来说，社交功能的好坏甚至影响到游戏的成功与否。

但过度的合作也有可能带来负面反馈，例如《风暴英雄》之所以没落就是过度强调了团队合作，团队内共享经验的设计强行让同队的玩家在一个水平线上。**最好的团队游戏应该是团队保证平均水平，而上限可以靠自己来操作**，比如 *DOTA 2* 里的"养一号位"、《英雄联盟》里的"养后期核心"和《王者荣耀》里的"养猪流"。

有些玩家会说《风暴英雄》的这个设计是好的，只是玩家不喜欢。但只要玩家不喜欢，就很难说是好的。在游戏策划和产品设计方面，永远不能想着教育玩家和市场，而需要发掘他们的本质需求。**对于网络游戏来说，自己玩得开心才是多数玩家的本质需求。**想要扭转这个思路是违背人性的，所以有人总结过这个现实：**团队游戏之所以好玩，是因为它是一个团队游戏；团队游戏之所以不好玩，也是因为它是一个团队游戏。**

类似的游戏还有《荒野乱斗》，Supercell 作为曾经世界上最赚钱的手游团队，游戏的细节设计相当出众，但是无论在中国还是在海外，都没火多久。这背后最核心的原因就是**《荒野乱斗》也是一款压制了个人英雄主义，放大团队短板的游戏。在团队游戏里需要尽量避免"我的队友为什么这么弱"这种情绪，更好的情绪表达是"为什么我不够强"。**这样，玩家还会愿意努力提升自己的水平，总是被队友坑的话，玩家就很容易放弃游戏。

团队合作很容易产生负面情绪，尤其是在交流环节。《王者荣耀》和《英雄联盟》都是在交流环节过度自由的游戏，自由的文字虽然方便交流，但也放大了可能产生的矛盾和冲突。在多人游戏里，有的时候不给团队交流的机会效果反而可能更好，如果和朋友"开黑"玩游戏，完全可以用其他软件交流，如果和陌生人玩游戏，大部分情况下的交流都是负面反馈，更何况很多玩家并不喜欢交流。比如《喷射战士》这款游戏最被玩家喜欢的要素，可能是游戏过程中没有任何交流功能。类似的《荒野乱斗》也没有交流机制，这也是《荒野乱斗》意识到需要弱化团队负面影响而采取的一个措施。

当然，《喷射战士》的做法有点儿绝对，完全不交流也会带来一些问题。现在比较好的做法是战斗标记功能，其中做得最好的是 Apex，Apex 的战斗标记内容丰富，并且可以标记在视野范围内，足够给队友提示绝大多数的战术内容，还不会引起争议。

好的交流系统应该一方面可以让玩家顺利地获取游戏内的必要信息，另一方面还无法让玩家互相攻击、辱骂和传递负面情绪。

图 8-2 *Apex* 里的标记系统可以反馈有用信息，并且不会产生影响其他玩家的内容

对抗和挑战

有合作自然就有对抗，对抗是比合作更加吸引人的机制，人类的好胜心是与生俱来的。传统的游戏——那些传统体育项目，都是以对抗为核心的，甚至早到古罗马角斗场和古代中国的打擂台，都是为了对抗。我们最熟悉但经常被忽视的对抗是猜谜，早在秦汉时期就有"射覆"和"隐语"两类谜语游戏。射覆是猜物品的游戏，隐语就是字谜。

电子游戏一开始也是如此，*Pong* 就是一款 1V1 的对抗游戏，即使像《俄罗斯方块》这种单机游戏，也是玩家和电脑对抗。在网络游戏策划间有一个被认为是金科玉律的结论：**网络游戏的一切机制最终都要服务于对抗。**

常见的对抗分为两种：直接对抗和间接对抗。直接对抗比较好理解，棋类游戏都是，从围棋到象棋，都是正面面对其他人的对抗项目，传统体育类项目也是如此。间接对抗比较常见的是以积分形式体现，几个人完成同样的任务后比拼积分。

间接对抗经常忽略一点，早在 20 世纪 80 年代，有积分榜功能的游戏也是多人对战游戏，哪怕积分榜上只有一个人，也可以说是多人对抗，这种对抗是不同时间点上的互相对抗，自我挑战同样是一种挑战。

在网络游戏刚开始的年代，主流基本是 MMORPG，后来陆续出现了其他的游戏类型。然而到了这些年，游戏策划也意识到绝大多数的游戏可以多人化，比如传统的休闲游戏《贪吃蛇》和《俄罗斯方块》都有多人版的，并且取得了不错的数据。只要设计合理，任何游戏都有多人化的可能，并且可以做得十分吸引人。

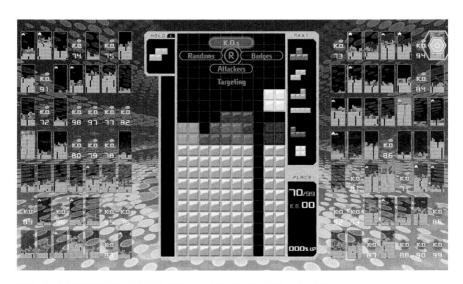

图 8-3 《俄罗斯方块》也有了多人游戏，支持 99 人一同游戏和对战

图 8-4 《超级马力欧兄弟》也有了多人版——《超级马力欧兄弟 35》

多人游戏之所以这么吸引人，最重要的原因是刺激了玩家的好胜心。

对于多数网络游戏玩家来说，游戏本身有着非常重要的目的性。这个目的不是赚钱，也不是社交，而是发泄。大部分游戏玩家是把网络游戏当作超越现实的工具，在游戏里体验现实中没有的成就感，品味现实世界里无法享受的生活。

这也是网络游戏会非常强调对抗的原因，无论是各种榜单的设计，还是游戏里大量鼓励玩家之间 PK 的内容都是服务这个用户群体。

这甚至是东亚玩家的共同情况，韩国和日本玩家也相对更加偏爱有对抗元素的游戏。早在日本街机游戏火爆的 20 世纪 80 年代到 90 年代，到街机厅去挑战别人的分数就是日本最早的电子竞技比赛。

多人游戏的对抗还有另外一个很重要的概念，这要从电影说起。

电影行业有一个非常知名的词叫作麦高芬（MacGuffin），指在电影中可以推展剧情的物件、人物或目标，例如争夺的东西等。著名电影导演希区柯克说："在惊悚片中麦高芬通常是锁链，在间谍片中麦高芬通常是文件。"

多人游戏里也必须有类似的麦高芬设计，这一点被很多游戏设计师忽视了，我们这里姑且称它为"王淑芬"。

那到底什么是"王淑芬"？"王淑芬"就是多人游戏里的矛盾点，玩家会因为"王淑芬"大打出手。

《魔兽争霸 3》提供了丰富的地图制作功能，玩家可以自由定制自己想要的地图。但在早期《魔兽争霸 3》玩家制作的地图里，只有少部分的地图真正火了，比如 DotA，大部分地图完全没人玩，这些没人玩的地图就缺少了"王淑芬"。像玩家非常喜欢的 Lost Temple 地图就有很典型的"王淑芬"设计，Lost Temple 里资源分布非常平衡，每个玩家周围的资源都是相似且有限的，而这种相对平等且有限的资源分配就导致玩家很容易通过侵占资源获胜，玩家被迫进行战斗。事实上，Lost Temple 这个地图在《星际争霸》时代就有，并且一直是非常火爆的地图。而 DotA 之所以火，也是因为游戏里有强制出现的兵线，玩家不得不想办法清理掉它。

经济学里有个概念叫作"公地悲剧"，意思是一个资源如果可以被所有人使用，那么这个资源一定会被耗尽，并且没有人愿意对此负责。衍生出来的就是当一个资源可以被所有人使用，那么这个资源就一定会引起冲突，这就是游戏里非常典型的"王淑芬"。

在 S5 到 S7 时期，《英雄联盟》的整体游戏节奏非常缓慢，这个时期的主流玩法是以韩国俱乐部为代表的运营打法，通过一点一点地侵占资源获取胜利，在这个过程里是有"王淑芬"存在的，比如玩家"补兵"会产生资源，所以"补兵"过程也会产生冲突。但事实上，韩式运营的机制完全忽略了这些小"王淑芬"，韩国人能够做到避免一切不合理的战斗。这种运营打法导致了游戏的整体节奏非常缓慢，对观众十分不友好，观看人数也明显下降。于是，拳头公司在之后的两年时间里做了大刀阔斧的改革，最为重要的三点是防御塔镀层、峡谷先锋的加入和对小龙的修改。

防御塔镀层机制是在前 14 分钟内进攻塔会获取额外的金币，这些金币对于对线期来说是一笔巨大的财富，很难被忽视。大部分情况下，通过防御塔镀层机制建立出来的经济优势在中后期是很难抵消的。

峡谷先锋是游戏里新增的一个中立野怪，只在前 20 分钟出现。当玩家击倒峡谷先锋以后，可以召唤峡谷先锋为我方所用。但峡谷先锋不会攻击敌人，只会一头撞向防御塔，配合镀层机制可以获取大量金币。在原来的游戏里，小龙主要提供金钱奖励，但是这个奖励相对较弱，而新的小龙机制加入了永久性的增益效果，并且属性提升非常显著，因此，如果前期放弃小龙的增益，即使进入后期也很难翻盘。

防御塔镀层提供了前 14 分钟的"王淑芬"，玩家必须在这 14 分钟里尽可能获取"塔皮"，发生冲突；峡谷先锋是可以放大防御塔镀层收益的"王淑芬"，如果在前 14 分钟内拿下可以获取大量收益；小龙是每 5 分钟出现一次的"王淑芬"，玩家又必须围绕小龙做战略部署。

    这三个修改使游戏的整体节奏非常快，也明显提升了观赏性，当然也间接削弱了韩国俱乐部的整体实力。

    《喷射战士》是一款"王淑芬"系统设计得相当出色的游戏，游戏的胜负条件是最终结束时玩家油漆覆盖的面积，而游戏里除了可以刷漆以外，更重要的是互相攻击，对方玩家死亡后可以为我方争取刷漆的时间。这就让游戏产生了三个"王淑芬"：有限的时间，倒计时给玩家制造紧张感；击倒敌方玩家，因为你不击倒对方，对方就会想尽办法击倒你；刷漆，最终获胜条件是刷漆的面积。相比其他 FPS 游戏，《喷射战士》缺乏足够明确的职位分工，这让一些玩家觉得策略深度不足，但事实上因为存在三个"王淑芬"，玩家被迫要在一定时间内做出复杂的决策。

图 8-5 《喷射战士》是一款射击游戏，但是最终胜负的判断条件是油漆的面积

    总体来说，好的"王淑芬"要满足两个条件，**一是让玩家不能闲下来，二是让玩家有明确的目的性**。多人游戏只有做到这两点才能保证玩家一直对游戏抱有兴趣。

多人游戏里的对抗本质上都是零和游戏①。经济学里有一个概念叫作"帕累托最优"，一个玩家所获得的是从另外一个玩家手里掠夺来的，这叫作"帕累托交换"，你的获取并没有影响其他人，就称为"帕累托改进"。当一个系统设计到不会再产生帕累托改进，我们就称这个系统为帕累托最优，之后任何一次系统内的交换行为一定会侵害一部分人的利益，例如玩家在《文明》里占领所有空白区域，之后就是帕累托最优情况。在合作游戏里，帕累托最优就是系统的最优解，而在对抗游戏里，帕累托最优显然不是一种好的情况。在多人游戏的资源模型里，经常需要考虑你需要的帕累托最优的时间节点，一个合理的设计能够很好地控制游戏的节奏感和平衡性。

关于对抗有一点很值得注意，**对抗游戏需要永远给玩家翻盘的希望，否则就会产生一种典型的滑坡效应**②。玩家会觉得自己无法赢得比赛，干脆自暴自弃。我前文提到过的负反馈效应就是需要提供给玩家的。

RTS（Real-Time Strategy，即时战略）游戏里最为经典的翻盘设计是人口限制，比如《星际争霸》里就有人口数为 200 的限制，而《魔兽争霸 3》里的"维护费用"（Upkeep）机制除了把人口数限制降低到 100，还加入了更复杂的机制，人口数大于 50，矿物收益下降 30%；人口数超过 80 矿物收益则再下降 30%，通过限制优势方的人口来为劣势方创造翻盘的机会。前文提到过"公地悲剧"，关于这个理论，现在普遍认为的调节方法就是惩罚过度使用的行为，税收制度里对有钱人收更高的税也是类似的意思，《魔兽争霸 3》里的人口数限制惩罚也是如此。这里说个题外话，《魔兽争霸 3》的维护费用的设计非常科学，堪称 RTS 游戏里的设计典范。除了给劣势方翻盘的可能外，还鼓励玩家前期尽可能地作战，加快游戏的整体节奏，提高观赏性，同

---

① 一项游戏中，游戏者有输有赢，一方所赢正是另一方所输，而游戏的总成绩永远为零。

② 一旦开始便难以阻止或驾驭的一系列事件或过程，通常会导致更糟糕、更困难的结果。比如撒个小谎往往会导致滑坡效应，从而说出更大的谎言。我们的大脑也会适应这种说出更大谎言的情况，使得撒谎变得更容易。

时减少游戏里可控制的单位，凸显了英雄的强势，而英雄也是《魔兽争霸 3》的主要特色。

　　MOBA 类游戏的翻盘设计靠的是公共资源。《英雄联盟》里的大龙和远古巨龙之所以设计得那么强，一是为了让优势方更早地结束比赛，另外也是为了让劣势方时刻保持可以通过抢龙翻盘的希望，*DOTA 2* 里的复活盾和奶酪也起到了类似的效果。当然，对于优势方来说，拿到了这些公共资源反而会使对方更难翻盘。这种公共资源就是典型的双刃剑，双方都有机会。

《胡闹厨房》里合作带来的对抗

　　《胡闹厨房》是由独立游戏开发商 Ghost Town Games 制作的厨房模拟游戏，和众多大作比，这款游戏在市场上的影响力并不强，但是吸引了大批玩家。因为这款游戏独特的机制，这款游戏被称为"分手厨房"。

图 8-6　《胡闹厨房》系列的游戏机制是为了让有共同利益的玩家发生冲突而设计的

游戏市场上有一种非常另类的多人游戏，叫作聚会游戏，指的是那些亲朋好友可以一起玩的游戏。

多人游戏里，**熟人一起玩和跟陌生人玩的逻辑是截然不同的**。举个最简单的例子，"真心话大冒险"是一个非常典型的熟人游戏，参与者互相试探下限，如果是陌生人玩就很容易生气，但是熟人玩反而能增进友谊。《胡闹厨房》就是这种游戏，如果和陌生人玩很容易产生负面反馈，但是和熟人玩就会增进感情。虽然被叫作"分手厨房"，最多也就是拌拌嘴这类朋友间正常的情感沟通。

在这个基础上，《胡闹厨房》还有一个更出彩的设计，多人合作游戏一般认为游戏性来自合作的成功，但事实上《胡闹厨房》正好相反，越没有默契的几个人玩，游戏性越强。

聚会游戏和竞技类游戏有非常明显的区别。

聚会游戏最重要的是创造话题性，游戏过程里要能产生让参与者记忆犹新的回忆，可以成为好友们的谈资。所以**聚会游戏越是容易产生不可控的过程就越成功**，而**电子竞技游戏是绝对不能出现过程不可控的情况的**。聚会游戏不怕内容过于"无厘头"，内容的严肃性毫无意义。

《胡闹厨房》同一团队的作品《胡闹搬家》也使用了类似的游戏机制，但还有些不同。《胡闹搬家》里可以互相"扇巴掌"，我第一次和朋友玩教学关时，我们互相"扇"了半个小时，仿佛这才是这款游戏的真实玩法。在体验了这款游戏的完整流程后，我突然理解了为什么要加入"扇巴掌"这个《胡闹厨房》里没有的功能，因为搬家产生的前后关系并不强烈，所以在游戏过程中两人配合失败的冲突不如《胡闹厨房》里的强，加入"扇巴掌"基本就是为了增强这种冲突感。无厘头氛围的营造，让这里的一切都变得合情合理了。

多人联网游戏的匹配机制

在开发多人游戏时，开发者经常会忽视多人游戏的一个最重要的问题：玩家如何才能找到合适的对手？

这里的合适指的是双方的战斗力在同一水平线上，无论队友的实力是高于自己还是低于自己，玩家的体验都不好。所以**对于多人联网游戏来说，找到合适的队友比游戏本身是不是好玩可能还要重要**。比如《荒野乱斗》的匹配机制就相当糟糕，甚至没有区分段位，很多奖杯差距巨大的玩家都能匹配到一起，这也是游戏劝退玩家最主要的因素之一。

最常见的可以为玩家找到合适队友的是隐藏分机制。

《英雄联盟》和《王者荣耀》都有一个知名的"MVP 惩罚"机制，意思是当你一个人玩了几场胜率高且数据好看的游戏时，系统一定会给你匹配到一些战绩非常差的队友。这种设计本质上是为了平衡游戏的胜率，让每个人的胜率尽可能趋同于 50%，也就是一般玩家所谓 ELO 算法[①]，或者说隐藏分。但事实上，这个机制和现有的排位机制是有明显的冲突的。**排位机制的存在本来就是为了给不同水平的玩家划分出合适的位置**，但是该系统又要让胜率接近 50%，这反而影响了排位机制的合理性。理论上，玩家如果水平高过现在的段位，就升到更高等级；如果水平低于现在的段位，就降到更低等级；如果适合现在的段位，自然就是 50% 胜率。

所以，理论上**只要段位的升级机制是合理的，那么这种系统就不应该存在于排位机制里**。

---

① 由匈牙利裔美国物理学家阿帕德·埃洛创建的一个衡量各类对弈活动水平的评价方法，是当今对弈水平评估的公认的权威方法，被广泛用于国际象棋、围棋、足球、篮球等运动。ELO 排名系统是基于统计学的一个评估棋手水平的方法。美国国际象棋协会在 1960 年首先使用这种计分方法。由于它比先前的方法更公平客观，所以这种方法很快流行开来。1970 年国际棋联正式开始使用这个系统。现在，绝大多数电子游戏使用的也是这套算法，因为涉及大量数学知识，所以不在这里详细讲解，有兴趣且数学好的读者可以尝试阅读美国国际象棋联盟积分计算方法的论文"The US Chess Rating system"。

《英雄联盟》很早就意识到了这个问题，所以在排位赛，尤其是单双排里明显弱化了这个系统的影响，甚至在排位里可能已经没有这个系统存在。而在《王者荣耀》里，这个机制依然存在于排位里，玩家怨声载道。《王者荣耀》的玩家甚至已经总结出了规律，如果你在连胜后遇到特别坑人的队友，那么就放下手机去休息，明天继续打，这么做是因为《王者荣耀》的ELO 系统有时间限制，一定时间以后数据就会清零，所以也有玩家戏称这个系统存在的意义是防沉迷。

除此以外，排位还应该是一个频繁更新的动态系统。《炉石传说》就出现过系统更新缓慢导致排位系统出现负面反馈的情况。2019 年以后，《炉石传说》出现了大批天梯高分段玩家到达高端位置后就放弃游戏的情况。随着这种玩家越来越多，剩下还在玩的高分段玩家就遇到了一个非常糟糕的情况。要么是很难匹配到合适的玩家，因为和自己分段相近的玩家数量越来越少，而有人占据了这个分段导致其他玩家也上不来，所以哪怕高分段玩家想玩游戏也找不到队友，导致恶性循环；要么是系统给玩家匹配一些分段较低的玩家，保障高分段玩家还可以玩到游戏，但结果就是高分段玩家能匹配到的全是分数远远低于自己的玩家，且不说游戏的对抗性差，重要的是会面临极高的风险，赢了游戏奖励极少，输了以后的惩罚却很大。这一切产生的原因就是游戏缺乏一个较快的自然掉分的过程，以及对那些已经不玩的玩家的惩罚机制。

《英雄联盟》的团队分工

早在《龙与地下城》时代，游戏角色就有了明确的分工，起初为战士、法师、僧侣、盗贼。

进入电子游戏时代以后，最常见的是"战法牧体系"，即战士负责承受伤害，法师负责高额输出，牧师负责加血。虽然看起来是三种职业，但背后的意思其实是团队的每个人有明确的分工：承受伤害、提供输出和辅助。这是团队配合一定要面对的责任划分。

事实上，很多游戏曾经尝试过颠覆这种职业划分模式，比如《剑灵》和《天涯明月刀》早期的职业划分都不明显。但是在后续的发展里，又逐渐变成了类似战法牧的体系。

除了更好分工以外，明确的责任还可以满足不同玩家对于游戏内容的喜好差异。这里有个关于《星际争霸》的题外话。《星际争霸》之所以是游戏行业的教科书，有个很重要的原因，在此之前的 RTS 里，不同的种族或者势力本质上只是换了个皮肤，但《星际争霸》真正意义上做到了不同种族有完全不同的游戏方式。这也是一种针对不同玩家给予不同定位和习惯选择的设计思路。

在 MOBA 类游戏里，这种差异更加明显一些。

《英雄联盟》一直在尽可能平衡不同位置玩家的游戏体验。

《英雄联盟》可以做到比 DOTA 2 吸引更多的玩家也是因为团队职责划分明确，DOTA 2 里的职责是按照资源获取划分的，从一号位到五号位，而《英雄联盟》是按照职责划分的，具体如下。

1. 上单：以坦克和战士英雄为主，主要工作为开团和为团队承受伤害。

2. 中单：以法师、刺客、支援型英雄为主，主要工作为前期帮助边路，或者后期承担主要法术输出。

3. 打野：以坦克、刺客等带动游戏节奏的英雄为主，主要工作为前期带动游戏节奏或者中后期开团。

4. ADC：以射手类英雄为主，后期承担团战的持续输出。

5. 辅助：以保护和开团型英雄为主，主要工作为保护 ADC、做视野，部分英雄也要承担团战开团的工作。

长时间里，多数玩家甚至从业者认为这种强制划分游戏内角色的做法是非常差的，因为降低了游戏的战术复杂度，但就现实来看，这反而是相当出色的设计。其最重要的结果有两个: **一是让玩家有更加明确的责任分工, 在游戏内的目的性更强**, 玩家可以根据自己的喜好选择不同的位置, 在游戏开始后也可以按照自己的位置完成明确的工作, 这和现实世界里的工作划分是一样的, 老板越明确地告诉你要做什么, 工作越容易做好; **二是避免了 *DOTA 2* 里的 "五号位效应"**, 因为游戏内的资源是有上限的, 所以 *DOTA 2* 里的五号位不得已只能不吃任何资源, 这对于五号位玩家来说是非常糟糕的体验, 因此大部分情况下是新手玩五号位, 这就导致新手玩家的体验非常差, 团战完全没有参与感。事实上, 我周围大部分 *DOTA 2* 新手玩家是在被迫玩了几十场五号位后觉得毫无游戏体验所以放弃游戏的。

群体博弈理论里有一个概念被称为 "志愿者困境", 意思是当一个人选择牺牲一部分自己的利益时, 会给其他玩家带来巨大的帮助, 但这个人没有任何收获, 如果这个人不这么做, 那么所有人要一起受到损害。多人游戏应该从根本上避免这种情况出现, 游戏内的辅助虽然牺牲了自己的利益, 但是一定要有所补偿。

这里有个题外话, *DOTA 2* 还有一些机制对新手玩家也非常不友好, 比如 *DOTA 2* 的反补机制导致新手玩家在面对较高水平的玩家时, 会在短时间内形成经济上大幅落后的局面; *DOTA 2* 的道具有很多主动释放的技能, 让玩家在后期有更大的操作余地, 但主动释放的技能越多, 新手和高级玩家之间的差距也会越大, 而《英雄联盟》一般一个英雄能出到两个主动释放技能的装备就已经十分少见了。所以以上种种的 *DOTA 2* 机制决定了游戏对于高手玩家或者至少同水平玩家来说十分友好, 但是绝大多数玩家很难保证在游戏过程里遇到水平相似的队友, 这就形成了强烈的新手劝退效应。

我们回到《英雄联盟》。

起初《英雄联盟》的辅助位也要承担类似 *DOTA 2* 里的五号位的工作, 在游戏早期, 辅助位也遇到了和五号位一样的困境, 很多比赛辅助到最后也只有一两件装备, 一般是让水平最差的去打辅助。很快, 拳头公司做了三个修改：一是在外形上美化了辅助位，包括"琴瑟仙女·娑娜""风暴之怒·迦娜""光辉女郎·拉克丝"等"颜值"极高的女性辅助角色，吸引了一批对胜负欲和游戏内击杀兴趣不高的女性玩家参与；二是增加了辅助装，可以提高辅助玩家的经济收益，让辅助玩家不至于穷到买不起装备；三是增强辅助玩家的责任感，在游戏内有大量可以带动游戏节奏，甚至逆转游戏战局的辅助英雄技能，甚至还推出了"血港鬼影·派克"这种可以频繁击杀的辅助英雄。

除了辅助以外，《英雄联盟》对"打野"位置的调整也非常明显。比如早期"打野"英雄非常少，主要原因有两点，一是"打野"英雄定位不明确，二是前期"打野"难度很大。为了弥补这两点，游戏在这些年做了大量小调整。

首先调整的是"打野"的装备，在 S3 之前，游戏里的"打野"装备只有"瑞格之灯"一件，而且这是一件物理装备，所以早期没有法系"打野"，像"蜘蛛女皇·伊莉丝"之类日后热门的打野英雄在当时都是"上单"。S3之后，游戏丰富了"打野"装备，才让更多的英雄可以去"打野"，同时改善了"打野"玩家的游戏体验。

除此以外，游戏还提升了野区的经验值，在 S2，"中单"四波兵线的总经济是 512，同时间基本上"打野"也可以打完一遍我方野区全部四组野区资源，收入是 348，也就是说，收益远远低于线上。而 S9，前四波兵线的总经济是 585，野怪数量也变成了六组，总经济是 616。这种改动让前期"打野"可以更加从容地帮助线上，因为野区资源丰富，哪怕帮线上队友也不怕过多耽误自己的发育，客观加快了游戏的前期节奏，提升了"打野"位置的重要性。事实上 S8 和 S9 两个赛季的 FMVP 最终都是由"打野"选手获得的，这也客观地说明了这个调整的结果。

第 9 章

収　集

扭蛋、盲盒和收集

去日本旅游, 经常能在各种商场、便利店、机场、火车站看到大量的扭蛋机, 扭蛋机里会掉出日本玩具市场长盛不衰的单品——扭蛋。往扭蛋机里投钱后会掉出来一个蛋形玩具, 在扭开它之前你也不知道里面的玩具具体会是哪一款。

扭蛋之所以这么吸引人, 在于两点: 一是随机性, 二是收集欲。这两点是共同作用的, 只有同时出现时, 才能达到最好的效果。

这两点对于小孩子来说吸引力极强, 比如健达奇趣蛋 (Kinder Eggs), 在巧克力食品里随机加入玩具, 再比如 "80 后" "90 后" 小时候都接触过的小浣熊水浒卡, 每一包小浣熊干脆面里都会有一张随机的水浒角色卡片, 这种捆绑消费模式取得了相当不错的销售业绩。

和扭蛋类似的是盲盒, 唯一的区别是包装换成了盒子。

日本玩具公司 Dreams 在 2005 年推出的一款头戴装饰物——天使玩偶 Sonny angel, 通过盲盒销售, 成为 21 世纪初大受欢迎的潮流玩具之一, 在中国也有不少的粉丝, 这是盲盒市场最早的爆款产品。

中国盲盒市场的代表公司是泡泡玛特 (POP MART)。2018 年, 泡泡玛特卖出了 400 万个盲盒, 其中 "双十一" 当天就创造了 2786 万元的销售额, 位居所有玩具店铺第一位, 2019 年的全年销量更是增长了一倍以上。2020 年, 泡泡玛特递交了自己的招股书, 其中提到: 2017—2019 年, 泡泡玛特营收分别为 1.58 亿元、5.14 亿元、16.83 亿元; 从增长率看, 泡泡玛特在 2018 年和 2019 年的增长率分别达到 225.4%、227.4%; 2017—2019 年, 泡泡玛特的净利润分别为 156 万元、9952 万元、4.51 亿元, 也实现了高速增长。

游戏产业很早就引入了类似的模式。1991 年, Epoch 在日本发布了 Barcode Battler (条码对战机), 玩家可以在这种奇怪的机器上通过扫条码获得一个战斗数值, 用来和其他玩家比拼。这种机器在突然火爆以后又制作了第

二代，可以把数据同步到 Famicom 上。之后，很多日本公司开始尝试类似的
产品，任天堂就曾经在 Barcode Battler 上发布过 30 张《塞尔达传说：众神的
三角力量》的卡片。在此前后，万代也推出过一款名为 Datach 的产品，可以直
接插到 Famicom 的卡槽位置，玩家只要拿着有对应条形码的卡扫一下就可以
获得游戏里的角色和道具。这个系列的产品中玩家最熟悉的是《龙珠 Z：激斗
天下第一武道会》。虽然日后这种电子游戏＋实体卡的模式在家用游戏中并
没有大规模普及，但是在街机市场非常普遍，那几年最火的就是《三国志大
战》，玩家花 200 日元可以获得一张随机卡片，之前更火的《舰队 Collection》
每张卡的价格是 100 日元，玩家用实体卡片和街机上的内容对战。

　　任天堂也推出过带有抽奖性质的 Amiibo 卡，玩家抽到了特定角色以后
可以在主机上扫卡片的 NFC 芯片获取游戏内的道具。在 2016 财年，任天堂
卖出了 2890 万张 Amiibo 卡，在数量上超过了 Amiibo 玩具的 2470 万。

　　电子游戏里，最知名的使用了收集元素的游戏是《精灵宝可梦》，从第
一代的 151 只到今天的数百只，这款游戏的最终目标就是让玩家在游戏内集
齐所有的宝可梦。讲解收集元素的文章多会以《精灵宝可梦》作为核心案
例。另外一款在收集机制上很有建树但经常被忽视的游戏是《失落的奥德
赛》，这款游戏虽然销量不好，但是其收集系统"千年之梦"却堪称游戏史
上的最佳典范。"千年之梦"里有大量的文本和语音，收集完成后可以勾勒
出一个完整且感人的故事。还有很多游戏会加入一些和剧情无关的收集内
容，比如《荒野大镖客：救赎 2》中的 144 张香烟卡。

　　育碧也是一家非常喜欢大量使用收集元素的公司，比如《全境封锁》里的
ECHO 系统，收集后可以重现灾难发生的影响，再比如游戏里的生存指南、事
件报告和通话录音都是通过收集的方式交代叙事。《刺客信条：黑旗》里，玩
家可以收集船歌；《刺客信条：兄弟会》里可以收集羽毛。这些收集元素除了少
部分有明确的功能性以外，多数是为了延长游戏的生命周期，激励玩家在游戏
里尽可能多收集一些东西，这样玩家就会为游戏花费更多的时间和精力。

尤其在开放世界游戏里，收集元素也可以让玩家感觉自己有事可做。大部分道具也许没有太明确的意义——至少和投入的时间是不对等的，但是玩家就是喜欢这个过程。

在开放世界游戏里，收集还可以作为任务引导。比如《巫师3》里，地图上的问号代表了这个地方有指示性，引导玩家一个一个问号走过去，收集每个问号。《刺客信条：起源》里也开始使用类似的问号引导方式。

游戏里的技能树也是一种收集要素，我至今没有遇到过一款通关时会强制玩家点亮所有技能树的游戏，但是多数玩家会朝着这个目标努力，因为他们希望收集全部的技能点，可能没用，但是必须要有。

严格意义上来说，收集并不应该是核心玩法，收集应该是让玩家留在游戏中的手段。比如《精灵宝可梦》系列，虽然也有非常不错的战斗系统，尤其是属性克制和复杂的宝可梦搭配，但是经常被游戏分析者忽视，其实收集本质上应该服务于这套战斗系统。

下面是宝可梦的伤害计算公式：

$$\text{Damage} = \left(\frac{\left(\frac{2 \times \text{Level}}{5} + 2 \right) \times \text{Power} \times A/D}{50} + 2 \right) \times \text{Modifier}$$

看不懂也没关系，之所以把这个公式列出来只是让读者知道其实《精灵宝可梦》的战斗系统设计比大部分没认真玩过的人以为的要复杂得多。《精灵宝可梦》并不是一个纯粹为了收集而收集的游戏，这是很多想要做类似模式游戏的设计师经常忽视的内容。

电子游戏里，也有一些近乎折磨人的任务是通过收集机制体现的。比如《魔兽世界》里的"德拉诺飞行"任务，其中最主要的两条是："在德拉诺发现100份宝藏"和"完成各个地图的德拉诺任务"。大部分玩家要在游戏里投入几周的时间完成这个任务。

在网络游戏里，这种利用超大收集任务来延长游戏时间的方式也越来越普遍。

需要注意的是，游戏内过多的收集要素很容易导致强烈的负面反馈产生，比如《最后生还者 2》里，把大量收集物品的任务都拆成 1/2 甚至更小的部分，玩家收集很多以后才能组成一个完整的物品。这就是非常典型的糟糕的收集要素，如果这是一款一般的 RPG，这么设计无可厚非，但《最后生还者 2》这款游戏一直在着力营造真实感，而它在收集要素上却极其缺乏真实感，让玩家在游戏过程中一直在真实和虚假之间来回切换。

日本铁路和景点的盖章活动

日本是一个非常热衷于收集的国家，不只有盲盒、扭蛋这种产品，旅游景点也是体现"收集欲"的场所，最常见的就是"限定产品"。

在日本的旅游景点经常可以看到所谓限定产品的宣传，意思是这个产品只有在这里以及这个时间段内可以买到。一般是热门产品调整了一些细节，比如吃的换了一个味道，或者玩具换了一种颜色，甚至仅仅更换包装也是一种限定的思路。这些都是日本商家用来促销产品的利器，时至今日依然所向披靡。

日本的旅游景点和车站里还有另外一个非常有日本特色的设计——有给游客盖章的地点，这个盖章其实并没有任何实际用途，只是为了满足玩家的收集心理。

我前文提到过一点，说随机和收集必须配合才有最好的效果，但其实这句话并不严谨，准确来说应该是**收集必须有成本才能得到最好的反馈**。随机就是一种成本，玩家需要投入金钱，而且无法确定自己的回报。这些盖章活动也是如此，玩家需要实际到达那个地方，才可以获得盖章，这就让收集有了成本。

日本公司曾经也把盖章文化和商品推广结合起来，比如 2015 年东京组织过奥特曼系列的盖章活动，只要收集齐地铁里特有的奥特曼印章，就可以获得对应的奖品；2019 年还组织过高达系列的活动。

类似的思路也在被互联网公司借鉴，代表案例是 FourSquare 的徽章，玩家到达某个地方以后可以领取对应的徽章，而这个徽章系统就相当于把日本的盖章文化做成了线上产品。也有电子游戏使用了徽章系统，比如《美妙世界》里就有上百个徽章供玩家收集。

QQ 点亮图标也使用了类似的机制，玩家安装某个程序或者完成某个任务以后可以点亮一个 QQ 图标，这和到某个地方去盖章本质上如出一辙。腾讯早期为了推广其他产品，用这种方式吸引了很多用户。

翻箱倒柜和检查尸体

绝大多数的 RPG 有一个奇怪的设计，即玩家可以随便进入路边的民房里翻找东西，甚至检查被自己干掉的敌人的尸体。这是一件在现实世界绝对不允许的事情，毕竟是违法的。游戏里没有法律的约束，但这个行为依然说不通。大部分 RPG 的主角是类似侠客的正义人士，结果做出了在别人家里偷东西甚至明抢的行为。当然，也有游戏讽刺过这种行为，在《金庸群侠传》里翻箱倒柜会降低道德值（一个隐性参数），在《塞尔达传说：织梦岛》里会有人警告玩家不要打开别人的柜子。

这是一个奇怪的设计，但并不是完全没有意义。

产生强迫玩家翻箱倒柜的设计的原因无非三个：一是延长游戏的平均时间，和迷宫的效果相似，当玩家知道墙里或者桌子上可能有东西时，就会下意识寻找；二是在相对乏味的场景里给玩家找点事情做，不至于无所事事；三是创造惊喜，多数情况下，玩家不去翻箱倒柜也可以继续进行游戏，但是翻找很可能会出现意想不到的道具。

相比较宝箱而言，翻箱倒柜的设计更加隐秘，也多了些趣味性，甚至是传统 RPG 里收集物品的核心机制之一。

第 10 章

偶然性

游戏内的可能性

现实生活里有偶然性并不是一件好事，甚至我们生活里最糟糕的体验都源自偶然性。比如不知道喜欢的女生对自己到底什么态度，不知道自己能不能按时赴约，不知道公司什么时候破产，不知道社会到底会发生什么变化……这一切都让我们感到不安。可以说，我们年轻时的奋斗就是为了减轻现实中偶然性带来的影响，避免那些不确定因素降低我们的生活质量。而对于电子游戏来说，偶然性有另外一种截然不同的定位。

很多欧美游戏策划有一个观点，他们认为**电子游戏本质上就是一个在岔路口选择方向的游戏，游戏内要提供尽可能多的可能性，让玩家做出合适的选择**。所以好的游戏机制要尽可能多地创造岔路口，或者说可能性。

《有限与无限的游戏》一开始就提到了游戏最核心的概念："世上至少有两种游戏。一种可称为有限游戏，另一种称为无限游戏。有限游戏以取胜为目的，而无限游戏以延续游戏为目的。"

例如开放世界游戏，模拟一个现实世界的环境，然后提供近乎无限的可能性和操作空间让玩家选择和体验，这也是很多开放世界游戏在游戏性上并不出色却还是能吸引玩家的最主要原因，因为对于很多玩家来说，这种无限的选择本身也是一种游戏性。

比如我们小时候玩过的井字棋，游戏内的变化并不多，所以我们长大以后也渐渐地失去了兴趣。传统游戏里，围棋千百年来长盛不衰，则是因为它有着近乎无限的可能性。当然，没有真正意义上的无限，哪怕再无限的游戏，在极限状态下总归会出现一种结局，要么胜利，要么失败。所以好的游戏就是要延长这个过程，并让玩家乐在其中。

在没有电子游戏的桌游时代，游戏的设计者就在想尽办法创造随机性，比如绝大多数的桌游拥有骰子和洗牌的双重设计，保证了玩家每一局游戏都有截然不同的体验。《大富翁》和《卡坦岛》等知名桌游都是如此，市面上几乎找不到不存在随机性的桌游。

对于电子游戏来说，随机可以说是最重要的机制，如果游戏内一切都可以预期，那么游戏就丧失了乐趣。

电子游戏里最有代表性的随机设计是暴击率。

暴击率是一个非常有意思的概念，早期游戏战斗非常制式化，全是面板数据，甚至不用真的开打，稍微算一下就能算出到底谁会获胜。显而易见，这种设计极度缺乏游戏乐趣。于是设计师就设计了两组数据，一组是命中率和闪避率，一组是暴击率，前者两个数据配合会让攻击失效，后者可能会产生更大的伤害，这就让本来的制式化战斗突然趣味无穷。当然，现在看命中率并不是一个特别好的设计，所以现在的绝大多数游戏把命中率改成了伤害浮动。

《英雄联盟》里唯一剩下的随机性数值暴击率和传统游戏相比做了一点明显的修改——默认的暴击率是 0，也就是任何角色只要不购买暴击装备，那么就绝对不可能产生暴击。游戏内曾经还有过一个名为"行窃预兆"的召唤师技能，装备的玩家可以随机从对手手里偷到钱或道具，这个召唤师技能也在 2019 年末被删除了。《英雄联盟》还存留的随机机制主要集中在公共资源上，S10 时期，拳头公司为了丰富游戏多样性，让地图里随机出现的小龙的属性发生改变，虽然这也是随机性，但在机制上这对双方都是绝对公平的，*DOTA 2* 里河道神符也采用了类似的双方公平的随机性设计。

DOTA 2 也在通过一些隐性手段削弱随机性对游戏的影响，*DOTA 2* 的暴击就是典型的伪随机。游戏内的暴击率在 30% 以上时，第一次攻击产生暴击的概率会明显低于数字显示的暴击率，比如面板暴击率是 80% 时，实际的暴击率只有 66.7%，而若你第一次攻击没有产生暴击，那么随后的攻击暴击率会明显提升，直到真的产生暴击。有的时候，真实的随机性反而可能使人产生负面情绪，例如《俄罗斯方块》里，玩家总会觉得为什么不给我一个竖条，但其实每个形状出现的概率是一样的，只是因为你很喜欢竖条，才会觉得少。事实上，有些版本的《俄罗斯方块》会通过调整竖条的掉落概率来控

制游戏的难易程度。

在《文明》系列里，为了平衡玩家的心态，游戏的胜率也不是真正意义上的随机。开发公司无形中调高了玩家的胜率，玩家在有明显的战斗力优势时会直接获胜。比如按照正常算法玩家有 90% 的概率会获胜，有 10% 的概率会落败，显而易见，这个落败会让玩家产生极强的挫败感，在这种情况下，系统一定会判定玩家获胜。同样，当玩家连续落败以后，系统也会一定程度地提升玩家之后的获胜概率，之所以《文明》可以这么做，是因为对手是电脑，电脑不会抱怨不公平。

这种动态调整的随机率机制最常见的应用是在卡牌游戏里，绝大多数卡牌游戏有保底机制，比如一张最高等级的卡掉率是 1%，也就是说对于一个运气正常的人来说，连续抽 100 次总归会遇到。但这毕竟只是一个概率，因为每一次抽卡的获取率还是 1%，所以系统会设计一个保底机制，当玩家抽 100 张的时候，一定会获取一张高级卡。

随机性的调整在很多领域都有，甚至会朝着反方向调整。比如音乐服务平台 Spotify 早期完全是随机推荐音乐，但是随机性背后的不确定性导致听众有可能连续收听到一家公司或者一个歌手的歌曲。虽然概率很低但还是会发生，为了改善这个问题，Spotify 甚至手动干预了随机过程，通过非随机的行为让用户感觉自己像是在收听随机的音乐。

随机性只要控制得当就不会影响策略性，反而会增加策略的深度。

诚然，无论是《英雄联盟》还是 DOTA 2，最核心的随机性都不是电脑提供的，而是对手和队友，你永远不知道他们到底会做出什么行为，不知道什么时候会突然开团，什么时候会突然去送死。

人本身就是最大的随机性创造工具，你能被剧透一部电影，但是不会被剧透一段人生。

从另外一个角度来说，**随机的出现是为了让游戏更像我们的现实生活**。比如《集合啦！动物森友会》，游戏里的小动物有非常丰富的语言库，同时还会随机出现一些代入感很强的对话内容，这就让玩家感觉小动物像是真人一样。

这种人创造的随机性会让一些传统的游戏模式不同于以往。《绝地求生》的制作人布兰登·格林（Brendan Greene）提到过，之所以做这款游戏就是因为对传统既定套路的 FPS 游戏感到疲倦。而当一百人同时出现在一个地图上时，每一局游戏都会变得完全不一样。

随机性在游戏里也有很多有趣的场面。

比如玩家在绝望的时候会更加相信命运。《地下城与勇士》里有一个名为"命运硬币"的道具，这个道具的效果解释起来非常简单，玩家有 50% 的概率会恢复状态，另外 50% 的概率是被雷劈死。在绝望时，很多玩家会选择博一搏。

2019 年，在《英雄联盟》LEC 联赛的 MSF 和 OG 的对阵中，MSF 的上单在 14 分钟时叫停了比赛，原因是他使用了一个名为"行窃预兆"的符文，这个符文的作用是随机偷到一些道具，但一直以来这个选手什么都没有偷到，他怀疑系统出问题了。最终，裁判在长达 20 分钟的盘查后告知他，他只是运气太差了。

Roguelike 游戏

20 世纪 80 年代，BSD UNIX 系统上有一个很火爆的游戏，名叫 *Adventure*，显而易见，这是一款冒险游戏，但是因为当时没有图像界面，所以冒险内容全部靠文字描述。这类游戏后续有了一个统一的名字——互动小说，时至今日这类游戏依然有一批狂热粉丝，靠着对文字内容的"脑补"找到强烈的代入感。这也是艺术创作里重要的一点，过度具象化反而不一定可以给玩家创造强烈的代入感，一定程度的抽象和模糊可能会让人更有参与感。

在 BSD UNIX 的新版本里，增加了一个名为 curses 的开发库，这个库的功能非常简单，就是让字符可以出现在屏幕的任意角落里。就是这个功能让人

想到可以用它来绘制图形界面，于是就有了游戏 *Rogue*。在 *Rogue* 里，"|" 和 "-" 创造了墙壁，"#" 是玩家可以通行的地方，"@" 是玩家，剩下的英文字母就是各种敌人。因为过于火爆，*Rogue* 甚至被集成到了 BSD UNIX 系统里。

Rogue 作为一款游戏有两个典型的特征：一是以地下城冒险故事为主线，玩家需要在地下城里找到 Amulet of Yendor 后返回第一层；二是游戏里的房间全部是随机的。

之后，这一类的游戏被全部命名为 Roguelike 游戏。

2008 年的国际 Roguelike 开发大会推出了这类游戏的基本解释（Berlin Interpretation），作为 Roguelike 游戏的标准定义。

1. 随机生成的环境：游戏世界是以某种方式随机生成的，或者世界中的某些部分是随机生成的。这里可以包括地形、物品和怪物出现的位置等。

2. 永久死亡：一个游戏角色只有一条命。如果死掉的话，这个角色就到此为止了，你只能以另一个角色的身份来重新开始游戏。对应的思路就是你必须为你的选择和失误付出代价，就像在现实生活中一样。

3. 回合制：与回合制相对的应该就是即时制了。回合制的游戏不应该对现实时间的流逝有反应，游戏中的世界是按照一回合一回合来运转的。这样，在回合之间你可以有无限的时间进行思考。事实上，需要你停下来想上一会儿的情况在优秀的 Roguelike 游戏中是经常出现的。

4. 统一的游戏模式：这也是从反面讲比较容易理解。像《最终幻想》那样在大地图上走，遇敌切换到战斗界面的机制并不是统一的。Roguelike 要求所有操作都要在一个统一的界面上完成，这个界面一般就是一个 2D 的地图。

5. 复杂度：游戏允许以多种多样的方式来完成同一个目标。也就是说，你不论选择近战、远程还是法术路线，都可以玩下去。

6. 打怪练级，探索世界：每个人都喜欢这一套。我猜这里想表达的应该是游戏还是得有一个能够承载上面那些特性的主体内容。显然，在大部分情况下，打怪练级、探索世界是最行之有效的一套。

日后，游戏行业有了一个默认的规则：必须满足以上所有条件才可以被认为是 Roguelike 游戏，这也是游戏行业对一种游戏类型最严格的一次规定。

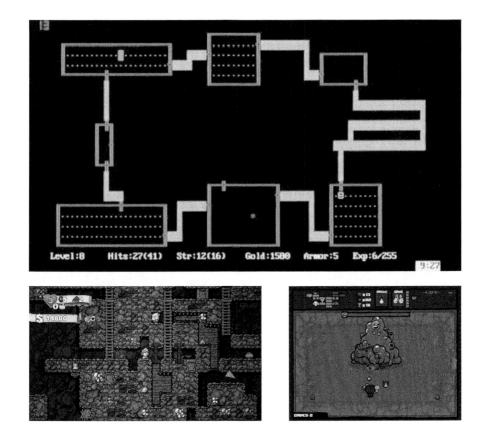

图 10-1　Roguelike 的机制以不同的形式出现在不同的游戏里

20 世纪七八十年代，游戏大量使用随机化的主要原因是游戏内容匮乏，由于策划经验不足、游戏开发能力有限和经费不足等原因，大部分游戏要想增加内容只能通过某些手法延长游戏时间，比如 Roguelike 就变成了一种非常好的设计方式。但随着游戏开发能力和策划能力逐渐增强，这种模式也在一定程度上被弃用。这两年，Roguelike 又突然爆红，其背后的原因多少有些相似。

采用 Roguelike 的以独立游戏为主，大多数开发方能力有限，希望通过这种方式延长玩家的游戏时间。一些大制作的游戏也会用这种模式刺激玩家的挑战欲。传统角色扮演游戏里的踩地雷模式就是一种很典型的随机性应用，也是为了增加趣味性而设计的，相比较玩家肉眼可见的敌人在屏幕上走来走去，突如其来的战斗会给玩家带来惊喜感。

但其实这种模式的体验并不好，会打乱玩家的游戏节奏，而早期使用这种模式比较多也是因为开发能力有限，相比较把敌人放在地图上，直接判断玩家每走多少步就遇到一次敌人更省事。所以，随机遇敌的游戏这些年已经越来越少看到了。

关于随机性机制，游戏行业普遍认为可以划分为两类：输入随机和输出随机。输入随机指的是在游戏开始前已经确定好的随机内容，比如 Roguelike 游戏里随机生成的地图，比如卡牌游戏里你拿到的卡的顺序。输出随机指的是突然触发的随机内容，比如前文提到的开宝箱，还有游戏里经常可以遇到的命中率问题。绝大多数情况下，游戏内的消极反馈来自于输出随机，因为很容易让玩家产生心理偏差。产生消极反馈就是因为输出随机的本质是模拟现实世界里人类的真实失误，如果游戏角色没有失误，那就丧失了很多乐趣，但失误太多，也会让人很烦躁。一些游戏会通过专门的设计，一定程度上规避输出随机可能产生的消极反馈，典型的做法就是角色扮演游戏里经常看到的，掉落的装备和玩家等级相关，玩家捡到的装备至少要到自身等级到达一定程度才可以用。

当然，Roguelike 并不是没有问题，甚至有非常严重的设计缺陷，否则也不会至今都是小众的游戏模式。最明显的缺陷有三点：一是游戏的单次时间太长，传统的 Roguelike 游戏因为地图复杂，而且没有游戏内的存档功能，所以一次游戏时间可能长达数小时；二是游戏机制过于复杂，多数游戏玩家还是更加喜欢能够简单解释清楚内容的游戏；三是大多数 Roguelike 游戏的剧情设置环节非常薄弱，这也让玩家缺乏代入感。

但 Roguelike 又是非常有意义的，后文会讲到 Roguelike 的设计逻辑可以和其他游戏方式进行融合。也就是说，纯粹的 Roguelike 游戏可能很难走进主流玩家的视线，但是主流玩家一直可以接触到 Roguelike 游戏的设计精髓。

《万智牌》《游戏王》和 TCG 卡牌游戏

我们一般说的卡牌游戏被叫作集换式卡牌游戏，英文写作 Trading Card Game 或者 Collectible Card Game，简称 TCG 或者 CCG。

早在 20 世纪 50 年代，美国就出现了集换式的卡牌。当时这类卡牌以棒球为主题，卡片被放在袋子里，玩家打开以后会随机获得不同的卡牌。要想获得自己想要的，要么买很多袋卡牌直到开到想要的，要么跟人交换。但是这在当时只是一个收藏行为，卡牌本身并没有对战属性。

到 20 世纪 90 年代，《万智牌》的出现才让集换式的卡牌变成了游戏。《万智牌》加上日后来自日本的《游戏王》和《精灵宝可梦》，就凑齐了世界三大 TCG。这些游戏自诞生至今，一直都有大量支持者。

顾名思义，集换式卡牌游戏的核心有三点：收集、交换和卡牌游戏。所以一般认为 TCG 三要素是卡牌收集、构建卡组和对战。其中，构建卡组包括交换和设计自己的卡组两方面内容。

TCG 的抽卡环节被认为是最精髓的元素。玩家花钱买卡包，但卡包里面的卡是不确定的。开卡包有可能获得非常强力的卡片，但更大的可能是血本无归，这点与前文提到的扭蛋和盲盒是相似的。从某种意义上来说，抽卡环节有点类似于彩票、盲盒。说个题外话，早期的《万智牌》还有这方面的规则，当时双方要用牌库最上面的一张卡作为这场比赛的赌注，这种规则的设计其实就是为了让卡牌形成流动，这就是集换式卡牌游戏的核心。但事实上，几乎没有玩家愿意接受这种规则，所以这种规则逐渐就被废弃了。

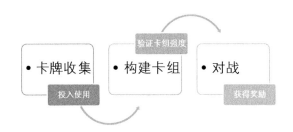

图 10-2　TCG 三要素

　　游戏设计师格雷格·科斯蒂基安（Greg Costikyan）在《游戏中的不确定性》里提到过《万智牌》的模式："正因为补充包卡牌都是不确定的，玩家才会在开包时有不一样的情感——开到没有的卡你会感到开心，开到已有的卡你会感到失落。这也正是为什么《万智牌》的商业模式会如此成功——它一直诱惑着消费者去购买更多的卡包，而玩家也会尽其所能花钱去收集卡牌。"

　　在纸质卡牌时代，有一些非常奇怪的群体，他们并不玩游戏，只是买卡和收集卡，而且这些人并不在少数。对这些人来说，卡牌游戏的核心游戏性是收集而不是对战，当然这并不一定是游戏设计师希望看到的，而对于商人来说这又是相当有吸引力的事情。但随着卡牌游戏逐渐从纸质转移到电子产品上，这种纯粹收集的玩家也几乎消失了，毕竟虚拟产品的收藏价值相对较低，而且对于大部分人来说，摸不到的东西也不能让人产生收藏的快感。

　　卡牌游戏电子化最主要的优点是可以和全世界的人一起玩，无论你在世界的哪个角落，只要有支持游戏的电子设备和流畅的网络，就可以和其他人一起玩游戏，这在传统纸质卡牌时代是完全无法想象的。事实上，阻碍传统纸质卡牌游戏拓展的也是线下对战的特点，在线下对战的情况下，每次对战的成本极高，并不是所有玩家都愿意走出家门玩卡牌游戏的。早在桌游时代，桌游玩家圈子里就一直流传着一个悖论，喜欢玩桌游的都是不喜欢出门的人，但是要玩桌游又要被迫出门。所以从某种意义上来说，卡牌游戏的电子化和联网化，甚至电子游戏的出现，都是游戏衍生过程的必然结果。

进入电子游戏时代，尤其是手机游戏时代以后，抽卡机制被更为广泛地使用，在中国市场尤甚（即被国内策划和玩家称为"开箱子"的游戏内容），甚至可以说是中国游戏产业的核心。在中国绝大多数手机游戏公司里，策划的本职工作就是通过设计游戏机制，激励玩家不停地"开箱子"。

宝箱的随机机制在中国游戏市场中实际上已经被严重滥用了。

早期网络游戏的盈利点是时间付费，玩家玩多长时间的游戏就花多少钱，但显然这种模式是有问题的，所以就有了"开箱子"。玩家可以在游戏内通过花钱获得提升，但并不是直接买装备，而是通过开箱子来抽装备，这样就使得装备的获取增加了机会成本。

抽卡或者说开箱子机制是一种正反馈和负反馈之间方差无限大的模式，抽不到以后负反馈无限强，但是抽到"SSR"[①]以后正反馈也好得会让你忘掉之前的不愉快，会让你觉得一切的努力是值得的。所有抽卡游戏的本质就是要将负反馈控制在一个合理的范围内。

卡牌游戏的抽卡、洗牌和退环境

如果对大部分卡牌游戏玩家做个问卷调查，问卡牌游戏最主要的机制是什么，多数人应该不会说是战斗，而会说是抽卡。

抽卡是一个纯粹的商人行为，但是反而成为卡牌游戏最核心的机制。这和前文提到的扭蛋一样，玩家喜欢惊喜，而抽卡这个行为最吸引人的地方就是创造惊喜。

在现在的电子游戏里，卡牌游戏的抽卡掉率一定不是完全随机的，否则玩家的体验会相当糟糕，比如手气差的玩家可能永远也抽不到自己想要的卡，哪怕真的是随机的结果，玩家也会认为自己被游戏公司坑了。对于游戏

---

① 指游戏中"特级稀有"级别的物品。——编者注

公司来说，过度的随机也少了很多盈利点。

一般情况下，卡牌游戏的掉落有下面几种情况。

- 预设抽卡：确定了玩家的抽卡获取顺序，例如大多数游戏在新手引导环境中获取的卡是确定的。某些游戏的副本里也会使用这种机制，保证玩家一定可以获取副本掉落的卡片。
- 保底抽卡：当玩家尝试了抽固定次数的卡以后，一定会获取某种东西，而在此之前完全随机，最常见的就是十连抽必定获取某张卡。还有些游戏会把这种机制应用在部分强力角色上，作为早期对玩家的激励措施。比如《原神》刚上线时，180 抽一定可以获取早期的强力角色温迪。
- 递增概率：和保底机制有些相似，指的是随着玩家抽卡数量的增加，获取高级卡片的概率也在增加，比如第一抽是 1%，第二抽是 2%，到第 100 次是一定可以获取的，如果运气不太差，也许不用抽到第 100 次就可以获得。
- 个人奖池抽卡：游戏内划分了不同的卡属于不同的奖池，然后根据玩家的情况把玩家放到合适的奖池里。
- 世界奖池抽卡：所有玩家同属于一个奖池，当其他玩家抽到高级卡片后也会消耗掉奖池里的资源。
- 人民币玩家福利抽卡：某些游戏会使用这个机制，针对充值更多的玩家修改好卡的掉率。当然，有改高掉率的，也有改低的。

多数情况下，上面几种掉落情况会组合使用，玩家可以在游戏内看到不同的卡有不同的掉落方式。这些抽卡方式组合在一起也成为现在手机游戏的主要盈利模式。

除了抽卡以外，洗牌也是典型的卡牌游戏特色。在对战环节前会有系统随机的洗牌环节，一般而言，洗牌环节有三种情况。

1. 预设洗牌：玩家在抽到第一张卡时，就已经确定了之后所有卡牌的获取顺序，这和现实世界里的卡牌游戏相同。

2. 单张随机洗牌：每次玩家抽到一张卡，都会随机出下一张卡。

3. 保底预设：一般是在游戏开始时给玩家几张有保底机制的卡，保证玩家不会在一开始就觉得游戏很难进行下去。类似的是，一些卡牌游戏允许玩家在第一次抽卡时替换几张卡，提供了这种保底机制。

一般来说，普通玩家对于洗牌环节不敏感，玩家不会明显感受到不同洗牌方法的区别。

纸质卡牌还有另外一个特性就是"退环境"（Rotate）。

从公司角度来说，必须持续发布新卡才能有利润，但是如果一直持续推出新卡会带来两个严重的问题：一是对于新人玩家来说负担过重，除了买新卡以外，还要买老卡，相当于你要参与游戏必须投入和以往玩家一样的金钱，显然这是非常容易劝退新玩家的；二是总卡池越来越大以后，学习成本越来越高，玩家也会陷入无所适从的境地。出现最早的《万智牌》到现在已经有超过一万张卡，这个投入也没有玩家可以接受。

为了解决这个问题，就有了两种设计：禁卡表，直接告知玩家有哪些卡不能用，这些卡一般是机制有缺陷的或者用来破坏平衡性的；退环境，每隔一定时间更新一次卡池，只有规定范围内的卡可以在正式比赛里使用。

第 11 章

成长和代入感

经验值和等级

资深游戏制作人吉泽秀雄在《大师谈游戏设计：创意与节奏》前言中提到："容我先把结论摆在这里。游戏的成败在于节奏。"

这本书里还用下面这张图来阐述节奏在游戏里的重要性。

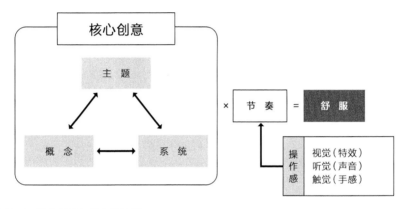

图 11-1　核心创意与节奏的关系

暴雪三巨头埃里希·谢弗（Erich Schaefer）在一篇描写《暗黑破坏神 2》的文章里写到过，玩家玩这款游戏最主要的乐趣就是杀敌，获得奖励，然后继续杀敌。这种简单的过程是 RPG 最吸引人的地方，这也是《暗黑破坏神 2》成为知名刷子游戏最本质的原因。

玩家经常会忽略，对于一款游戏来说，你的经验值、等级，本质上和金钱、道具等一样，都是游戏的内部经济体系，只不过并不是为了买东西，而是为了推进游戏的剧情。在设计传统解谜游戏时，有一个面包屑原则，意思是游戏在做引导时要像吸引小鸟入笼一样一点一点地洒出面包屑。在 RPG 里，经验值、等级、装备就是那个面包屑。或者换句话说，一款游戏正常的流程应该是给出目标，让玩家摸索路径，然后保证路径尽可能地有趣，而面包屑就是让路径有趣的设计。

名越稔洋在自己的著作《名越武艺帖》里定义过电子游戏的三个必要条件。

1. 规则：限制游戏之所以是游戏的规则，包括玩的方法、胜利的方法、通关的方法。

2. 目的：一个清晰的胜负目标，包括如何胜利、为什么要胜利。

3. 进步：可以学习进步的技巧，包括如何才能做得更快、如何得到高分、如何轻松过关。

其中，经验值和等级都是为第二点和第三点服务的。

一般而言，电子游戏升级都有明确的目的性，就是要有明确的回报，常见的回报有四种。

1. 提升生命值和其他数值，整体提升玩家的战斗能力。

2. 可以使用更强力的武器。在很多游戏里，武器的使用有等级限制，达不到等级就不能使用武器。

3. 可以使用更高等级的技能。大部分 RPG 的技能和等级直接相关，必须达到对应的等级以后才可以获得更高等级的技能。

4. 可以推进后续剧情。一些游戏的剧情推进会对玩家的等级有要求，玩家必须达到对应的等级以后才可以看到之后的剧情。当然，很多游戏并不是直接限制玩家不能看，而是通过某些敌人来阻挡玩家，只要等级不够就无法战胜敌人。

除此以外，经验值和等级还可以让玩家看到自己的进步，每次战斗后提升的经验数值就是在这一次战斗里玩家控制角色的进步程度。同时，经验值在一定程度上也可以作为目的，比如还差多少就可以升级，这也在激励玩家持续战斗；而等级同时是非常明显的目的和进步设计，在 RPG 里大多会有一个隐形的关卡强度，玩家必须到某个等级以后才能顺利通过，这就是你的目的，而进步更加明显，数值越大暗示玩家进步得越多。

基于这些原因，经验值和等级一直都是电子游戏的重要组成部分，甚至在没有电子游戏时就被很多游戏所重视，早在《龙与地下城》第一版的规则里，就设计了经验值的概念。1984 年的《梦幻仙境》成为早期 ARPG 的重要革新者，其中最主要的改进就是加入了经验值的设计。

早期电子游戏里，让玩家频繁打怪提升等级也是非常重要的玩法，成长和提升本来就是有乐趣的，这就是为什么会有玩家热衷于放置型游戏。但并不代表这是最好的核心玩法，因为早期游戏这么设计的原因和前文提到过的地下城产生的原因是相似的，就是因为机能限制，游戏内容较少，所以希望通过这个办法延长玩家的游戏时间，让玩家觉得游戏买得不亏。但现在这类设计越来越少，就是因为机能的提升让玩家有了更多有意思的选择。

成长和提升本来就是有乐趣的，但这个乐趣是现实生活的投影。

对于绝大多数人来说，玩游戏可以满足"与现实脱离"的需求，现实生活里最被强调的就是你的成长和提升，所以一定程度上，玩家进入游戏就是为了避免被人在后面催着成长。所以，在电子游戏中，真正有乐趣的并不应该是单纯的成长和提升，而是简单的成长和提升，并且可以获得更大的快感。

比如在公司里，你每个月跑业务虽然很努力，但也可能做不到第一名，哪怕做到第一名也没什么快感，最多是加一点儿奖金。而在游戏里，你只要多投入一些时间就可以做到更好，甚至可以碾压绝大多数的竞争者，这个快感远超过现实世界。

《仙剑奇侠传》第一代之所以评价那么高，就是因为它是当时众多游戏里罕见的没有强制玩家刷等级，同时不会为了拉长游戏时间而刻意提高敌人难度的游戏。

所以，好的游戏设计就是尽可能地增强这个快感，让游戏玩家觉得困难但依旧热衷，因为这个困难并不至于让人放弃，同时获取的快感要远远强过困难本身。

经验和等级就是控制这个节奏的工具，绝大多数 RPG 的元素都是为了这个服务，包括装备、道具和游戏剧情。但对于某些游戏来说，等级并不是必需的，比如《塞尔达传说》系列一直没有明确的等级概念，《怪物猎人》系列也主要通过装备和操作来提升自己的实力。

这些年有明确等级概念的游戏越来越少，绝大多数游戏把等级的概念融入装备和技能当中，这是因为等级这种过度数值化的展现方式缺乏代入感，同时欠缺多样性，而装备和技能的提升会使代入感更强，也更容易让玩家更多地参与到能力提升的决策当中。尤其是技能点的设计本质上就是一种等级，但是更具多样性。

当然，技能点也是一个很不好控制的设计，比如《林克的冒险》里设计了一种全新的经验值体系，这里的经验值存在货币属性，可以用来购买 HP、Magic、Power 属性。但从实际反馈来说，这个设计相当糟糕，因为游戏还加入了另外一项机制，角色在死亡以后三项能力会降低。这就导致了能力难以提升，惩罚还相当严苛，玩家的反馈非常不好。

进入网络游戏时代，经验和等级的概念也同样重要。这里还有个题外话，网络游戏的持续更新也是为了给玩家创造成长感，和等级本质上是相同的逻辑。

《魔兽世界》玩家有一个很特殊的方法来形容游戏阶段，就是"等级 + 年代"，比如"60 年代"就是《魔兽世界》最早等级上限只有 60 的版本。这样形容的原因是《魔兽世界》每个版本的风格特别鲜明，不同版本之间环境和玩家的目标都有明显的区别，而且绝大多数玩家可以升级到最高等级。

《英雄联盟》的等级体系是非 MMORPG 里值得参考的，主要在于其目的性非常明确。

《英雄联盟》里有两套等级体系，一套是排位体系，玩家只要玩排位就会有一个段位，这是对玩家游戏水平的奖励，只要水平够高，段位也可以更高。而《英雄联盟》设计得最好的是另外一套系统，就是每个玩家都有的最基本的等级体系。

起初，《英雄联盟》的玩家等级上限只有 30 级，之后游戏默认了玩家可以打排位，也就不再出现等级提升的情况了，但对于排位等级一直上不去的玩家来说，这个体验并不好。所以后来游戏取消了等级上限，玩家可以近乎无限地提升自己的等级。这至少可以让那些段位上不去的玩家看到自己的努力是有回报的。

《暗黑破坏神 3》里无上限的巅峰等级也起到了类似的效果，在后期，等级提升对玩家战斗能力的提升有限，但是巅峰等级的数字激励着玩家持续进行游戏。

RPG 的成长观

1949 年，约瑟夫·坎贝尔（Joseph Campbell）发表了名为《千面英雄》（*The Hero With A Thousand Faces*）的著作。书里提出所有的英雄本质上都是相似的，只是换了一张脸。乔治·卢卡斯（George Lucas）就曾经表示自己的《星球大战》系列深受这本书的影响。

进入电子游戏时代以后，这种千面英雄的创作逻辑依然存在。

1974 年，加里·吉盖克斯（Gary Gygax）发明了桌游《龙与地下城》（*Dungeons and Dragons*，DND）。《龙与地下城》丰富的游戏内容为一批游戏开发者提供了想象空间，但是很长时间里游戏市场并没有出现一款真正意义上设定类似的游戏。

早期的欧美系 RPG 多少对《龙与地下城》的设定有所借鉴，包括美国三大 RPG《巫术》《创世纪》和《魔法门》，都能从中找到大量《龙与地下城》的痕迹。其中最为明显的是严谨且自洽的内容设定，当然，对于没有接触过《龙与地下城》的玩家来说，这是十分不友好的。

第一款真正意义上还原《龙与地下城》的游戏是 1988 年的《光芒之池》

（*Pool of Radiance*），但是这款游戏的口碑和销量都不出彩。一直到 1995 年，
BioWare 开始在电脑上还原最接近《龙与地下城》的游戏，这款游戏一直到
1998 年才正式上市，就是《博德之门》（*Baldur's Gate*）。在此之后，这类游
戏掀起了热潮。

图 11-2　《博德之门》极大程度地还原了桌游《龙与地下城》

　　除了欧美系 RPG 以外，还有另外一个日系 RPG 的分支，简称 JRPG。

　　一般认为世界上最早的 JRPG 是光荣（KOEI）在 1982 年发行的《地底探
险》（*Underground Exploration*），这是一款现代主题的游戏。同一年，光荣还
发行了一款名为《龙与公主》（*The Dragon and Princess*）的游戏，该游戏是最
早的幻想类 JRPG。

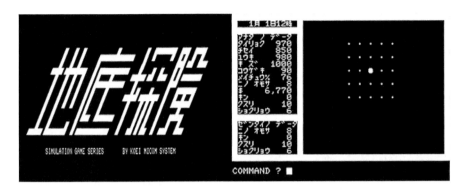

图 11-3 《地底探险》被认为是世界上最早的 JRPG，虽然这是一款现代主题的游戏，但是在
当时的美术呈现下，玩家也看不太出来

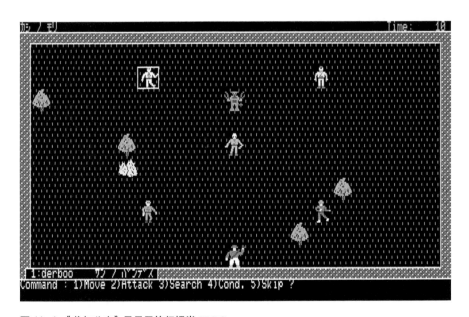

图 11-4 《龙与公主》是最早的幻想类 JRPG

JRPG 很大程度地吸纳了欧美系 RPG 早期的设计，并且将其发扬光大，其中最主要的是对《巫术》第一人称走迷宫设计和随机遇敌的使用，这个设计在日后的欧美系 RPG 里已经越来越少见，而日本公司却在频繁使用。

比如现在玩家所熟悉的《真·女神转生》系列在早期就有明显的《巫

术》系列的设计痕迹，其制作公司 Atlus 甚至制作过使用了《巫术》名字的游戏《巫术：武神》系列。

我们把关注点放在故事和人物塑造相对成功的 JRPG 上。传统意义上的 JRPG 有几个非常明显的特点。

1. 角色偏向动画风格，这和日本动画产业的兴盛直接相关，人才和消费群体都是高度重合的。

2. 有一个完整的故事框架和设定，和欧美系 RPG 相比，JRPG 非常重视故事的完整性，甚至可以为故事牺牲游戏性。

3. 大部分设定与"剑和魔法"相关，这是早期 JRPG 学习欧美系 RPG 的一个设计，时至今日，大部分游戏依然延续了这种设定套路。这也是日本文化的特点之一，融合欧美的传统文化，加入日本元素或者日本人看待世界的方式。宫崎骏的大部分作品沿用了这个套路。

4. 剧情相对线性，和欧美系 RPG 相比，JRPG 因为强调叙事，所以弱化了很多剧情上的选择空间。

5. 战斗系统比较复杂，除了前文提到过的回合制和即时制外，日本公司在游戏的战斗环节经常加入一些极为复杂的机制。

6. 系统搭配自由度较低，和剧情线性一样，JRPG 在战斗的自由度上也明显低于欧美系 RPG。

JRPG 和欧美系 RPG 有两个明显的区别。

1. JRPG 上手门槛较低，而依托于《龙与地下城》规则的欧美系 RPG 极难上手，玩家需要理解大量剧情，同时该类游戏在数值上非常较真儿，比如早期《博德之门》的玩家应该都深有体会，点错了属性可能导致游戏根本无法推进下去。

2. 欧美系 RPG 因为延续了《龙与地下城》的规则，所以一直没有摆脱对骰子的使用，虽然玩家看不见，但骰子其实一直都在。比如《博德之门》本质上还是一个扔骰子的回合制游戏，只是把这个过程后台化了；

《暗黑破坏神》最早也是按照回合制游戏设计的，只不过在发行前改成了即时战斗游戏，但其实后台还是回合机制，游戏内每秒有 20 个回合。而 JRPG 日后几乎不考虑骰子，所以游戏形态更加多样化。

简而言之，JRPG 就是为了改善欧美系 RPG 门槛过高的问题，所以做了大量调整，JRPG 也因此在大部分时间里要火过欧美系 RPG。

我前面一直在使用欧美系 RPG 或欧美 RPG 这个称呼，但其实游戏行业有另外一个类似的叫法——CRPG（Computer Role-Playing Game），即电脑 RPG，该词也经常用来指代欧美系的 RPG。之所以这么使用，是因为早期的 RPG 基本是在主机平台上，最早一批在电脑上开发 RPG 的多数是美国人，而这一批 RPG 基本基于《龙与地下城》的规则，也就出现了用 CRPG 指代这一类游戏的情况。当然，这并不是一个严谨的说法。

CRPG 因为电脑游戏盗版严重等问题沉寂了很多年，但是在 21 世纪的第二个十年迎来了一次复兴，出现了一批优秀的作品，包括《永恒之柱》系列、《神界：原罪》系列，以及《博德之门 3》，这些作品的推出重新点燃了这个市场。

讲完历史，我们说回游戏机制。

前文提到过《梦幻仙境》在游戏内加入了经验值，增强了代入感，但事实上这种代入感还是相当薄弱的。增强代入感的方法是为了解决另外一个问题而诞生的。

相比代入感，《梦幻仙境》当时给游戏玩家创造的巨大困难让玩家无所适从，玩家不知道到底该去哪里、该干什么，尤其对于一款解谜元素十分多的游戏，这一点更加致命。为了解决这个问题，当时的玩家甚至会求助游戏公司，然后公司会帮玩家处理问题。

本书一开始提到过《塞尔达传说》、箱庭理论和这个系列的种种创造性，事实上，《塞尔达传说》也是最早引入 NPC 的 ARPG，这么做就是为了在一定程度上给玩家一个内容引导，而不只是纯粹地靠玩家推理，更不是直接通过某个系统提示告诉你答案就在那里。

图 11-5　《永恒之柱》系列、《神界：原罪》系列和《博德之门 3》使 CRPG 迎来了一次复兴

这解决了一批 ARPG 难度过高的问题，同时也提升了游戏的代入感，让玩家感觉是可以和这个世界产生情感互动的。

时至今日，《塞尔达传说》依然是所有游戏里这方面做得最好的。在 2017 年上市的《塞尔达传说：旷野之息》里，游戏内的任务对话比同时期的其他游戏可以说少得可怜，这时的大部分 3A 游戏至少有几十万甚至上百万字的任务对话，而《塞尔达传说：旷野之息》却用最少的任务对话创造出最强的代入感。

最有代表性的案例就是"四英杰"里的米珐。

游戏一开始米珐和其他三位英杰都已经去世，所以玩家是没有办法直接跟她沟通的，更重要的是主角林克是失忆的。在林克第一次到达米珐曾经生活的卓拉领地时，会从路人嘴里知道这里曾经有过米珐这个人，她没有高贵公主的架子，会为普通人疗伤，卓拉族的人民爱戴她，以至于虽然已经去世百年，但是人们仍然怀念她。有些老人认出来林克，会怪罪他为什么当初在灾厄中没有保护好米珐。之后会从希多王子的嘴里知道关于他的姐姐米珐更多的事情，包括两人曾经零星的回忆。在化解了卓拉族和海利亚人的仇恨后，林克会得到一件米珐制作的铠甲。在此之前，林克会从路人那里听到一句话，那就是每个卓拉族的女人会为自己的心上人制作铠甲，这时候玩家会发现林克的铠甲格外地合身。

玩家第一次见到米珐，是解放米珐的灵魂之时，这是游戏里两人第一次见面，也是最后一次。一直到这时，林克才找回关于米珐的回忆。

这种零星但是丰富的侧面描写完整地勾勒出一个人物的形象和两人的感情，这在整个游戏史上都可以算作极为成功的案例。

过度强调人物对话反而有可能起到反面效果。2020 年被捧上神坛的《极乐迪斯科》直接放弃了传统意义上的作战，以任务对话填满了整个游戏，大多数人认为这是一款神作，但是只有很少人坚持玩完了这款游戏。再比如《莎木》里人物对话非常丰富，甚至堪称是一部完整的小说，玩家在不同的时间和不同的角色说话都会有不一样的内容，但是当人物陷入各种复杂的剧情和对话当中时，玩家就会忽视掉"玩"这件最根本的事情。而且《莎木》里大量游戏内道具都是可以互动的，但过多可以互动的道具反而让玩家无所适从。时至今日，所有玩家都会觉得《莎木》是一款"神作"，但是大部分人很难说清楚这款游戏到底哪里好玩。与之类似的是 2019 年的《荒野大镖客 2》，其游戏品质几乎成为新的行业标杆，但是因为操作细节过多，反而让很多玩家给了差评。

显然这不是玩家的问题，**游戏和现实之间需要一条分界线，这条线主要就是为了保障"玩"才是游戏的核心，游戏不能延续现实生活里痛苦的一面。而"好玩"是评价一款游戏最基本的原则，其他内容都只能是锦上添花。**

有一个很好的案例是《战争机器》。游戏里模拟了一个换弹夹的过程，显然这个过程理论上也是枯燥乏味甚至有严重负面反馈的，至少在战场上绝对是。但是制作方很聪明地把这个过程做成了一个高容错率的小游戏，游戏里会出现一个进度条，玩家在合适的地方按对应键就可以快速换弹或者完美换弹，前者速度更快，后者伤害更高。对于高级玩家来说，如果每次都能完美换弹，也可以提升自己的战斗力；而对于新手玩家或者操作较差的玩家来说，无视这个小游戏也可以完成换弹，就是速度要慢一些。

玩家的成长和游戏内的行为要高度统一才可以得到认可，比如《最后生还者 2》里，游戏充满了杀戮场景，甚至远多于前作，在游戏过程中，玩家默认了杀戮的必要性，毕竟这是一款末日题材的游戏。但是在游戏最后，主角艾莉却选择了原谅杀死像自己父亲一样的乔尔的凶手。再比如，前一代的男主角乔尔被玩家戏称为"北美战神"，保护艾莉横穿美国，但是在第二部开局就被高尔夫球杆打死，和玩家对角色的认知出现了巨大的差异。这种叙事和玩家行为认知的巨大割裂导致《最后生还者 2》的玩家口碑相当糟糕，玩家在这种剧情下不仅不会有代入感，还会有强烈的逆反情绪。如果说

《最后生还者》是游戏史上代入感营造得最好的案例，那么《最后生还者 2》也可以称得上是游戏史上代入感最差的案例。

不只是代入感，很多游戏里过度表现游戏剧情本身就会导致玩家出现负面反馈。比如《合金装备 4》里，小岛秀夫加入了大量过场动画，从内容角度来说非常优秀，但是这些过场动画实际上失去了游戏互动叙事的魅力，同时严重影响了玩家对游戏本身的体验。小岛秀夫自己也在日后承认这一点是失误。

高度归纳的话，一款游戏让主角有代入感，至少需要做到三件最基本的事情。**一是详细交代背景，让玩家能够清楚地知道自己玩的角色到底是谁，当然最好的方式绝对不是用一篇文字讲完，应该是循序渐进地揭示出来；二是要有个点亮人物的线索，最常见的就是游戏里的感情线，爱情或者友情；三是要有一个宏大的事件，比如斩杀恶龙、救出公主、拯救全世界。**

RPG 的角色塑造

RPG 的角色塑造非常重要，甚至影响了对一款游戏的整体评价。《大神》几乎是公认的游戏史上的神作，但是《大神》的销量极差，甚至真正完整通关的玩家都不多，这背后的主要原因是角色缺乏代入感。《大神》的主角不具备人格特征，从各个角度来看，主角都更像是狼或者哈士奇，甚至完全不会说话，还具备了哈士奇的所有劣习。《古惑狼》《索尼克》的主角虽然没有人类的外表，但是行为特征就是人类的。《大神》的开发团队四叶草工作室为了解决这个问题，加入了一寸这个人物填补"大神"的人类属性，但没有深入玩过游戏的人已经下意识排斥一款以狼或狗为主角的游戏了。

图 11-6 《大神》系列在美术上非常出色，游戏性也比较优秀，但主角缺乏代入感的问题一直
　　　存在

　　游戏世界需要给玩家带来想象空间，《游戏的人》这本书里提出过："游戏的第三个主要特征是它的封闭性，它的限定性。游戏是在某一时空限制内'演完'的……游戏开始，然后在某一时刻'结束'。游戏自有其终止……比时间限制更为突出的是空间的限制。一切游戏都是在一块从物质上或观念上，或有意地或理所当然地预先划出的游戏场地中进行并保持其存在的……竞技场、牌桌、魔法圈、庙宇、舞台、屏幕、网球场、法庭等，在形式与功能上都是游戏场地，亦即被隔离、被围起、被腾空的禁地，其中通行着特殊的规则。所有这些场地都是日常生活之内的临时世界，是专门用来表演另一种行为的。"

　　镜裕之在《美少女游戏编剧权威》一书里提到过关于电子游戏的一个很重要的概念：第零人称。小说和电影等传统作品里都有第一人称的概念，但是电子游戏更加特殊，无论谁都可以参与到人物的塑造和故事的选择当中，这个体验要远远超出其他艺术作品带给玩家的。而其中最重要的一点就是情感的代入，其他艺术作品在渲染人物情感的时候会使用很多视觉艺术和听觉艺术，哪怕是小说也要依赖优美的文字，但对于电子游戏，只要你能坚持下来，就会有强烈的情感代入，因为主角的选择一直都是由你来做的。所以评价一款游戏是否易于上手有个很重要的原则，就是玩家是否容易进入角色。

电子游戏有一个经典的套路是王子救公主的故事，甚至古印度史诗《罗摩衍那》里也有拯救公主的故事。《超级马力欧》系列从一开始就沿用了救公主的标准套路。据统计，从第一代一直到 2017 年的《超级马力欧：奥德赛》，公主一共被抓了 20 次。游戏这么设计，除了这是传统文学作品里也常见的一个设定以外，更重要的是早期电子游戏主要是男性玩家，所以这种拯救公主的套路非常迎合早期游戏玩家的喜好。

类似的情况在早期电子游戏里很常见。电子游戏里有很多靠着第一印象吸引人的成功角色，比如《古墓丽影》里的劳拉，性感的身材和暴露的穿着几乎是所有玩家对劳拉的印象。现实世界里我们不可能找到一个考古学家这么穿衣服。

在同时代的游戏里，《仙剑奇侠传》的整体质量不逊色于欧美和日本游戏，尤其是在叙事的成熟度上。但这不代表《仙剑奇侠传》的人物塑造就是成功的，它甚至存在非常明显的失败案例，比如赵灵儿。这里强调一下，我说的是角色在作品里的塑造技巧，而不是角色本身的设定。赵灵儿的设定是非常成功的，但是塑造技巧是欠缺的。游戏前半部分对角色的塑造过于单薄，甚至纸片化，到后半部分又出现了一个巨大的转折。使命从天而降以后赵灵儿获得了成长，随着剧情的冲突加剧，人物的形象也变得更加丰满。相比较而言，林月如的形象自始至终都非常丰满，有着明确的目标和动机，并且和自己的家庭背景直接相关，在人物关系和事件的冲突上也有着丰富的回馈。当然，赵灵儿有更高的人气，这和那个时代以男性玩家为主的游戏环境息息相关。

国产电子游戏在人物塑造方面非常值得参考的是《剑侠情缘外传：月影传说》，四位女主角的人物塑造都极其丰满，人物的性格、背景、喜好甚至游戏内的说话风格和用词习惯都截然不同。而游戏里男主角杨影枫和四人的互动也影响了游戏的最终结局。

RPG 里的人物塑造和传统文学作品有着明显的区别。在传统写作教育里，老师会告诉学生，除非是相当有天分的人写出来的作品，或者一开始就奔着拿奖的作品，否则绝大多数作品的人物塑造要有明确的目的性，至于人物性格是不是丰满并不是非常重要，只要保证每个角色的行为都有明确的动机就好。这是因为在传统文字载体上很难表达出来这种丰满性，真的能表达出来的都是大师。但是在电子游戏里，因为载体有图像属性，同时玩家可以参与其中，这就使人物的丰满性变得异常重要，而这也是多数中国单机游戏所欠缺的。举个例子来说，在传统文学作品里，如果表现一个人道德水平高，最简单但是最糟糕的方法就是直接告诉读者，这是一个道德水平高的人。聪明的做法是从侧面进行描写，比如捡到钱时，他会交给公务人员；在面对倒地的老人时，他会扶起来，没有直接写他道德水平高，但是读者可以看出来。而在电子游戏里，这就变得非常复杂了，如果想表达主角的道德水平高，那么别人家里的物品到底可不可以拿？

《歧路旅人》就是一款人物塑造极为成功的作品，游戏的八个角色在面对同一情况时的处理方法截然不同，完美地衬托出了八种不同的人物性格和做事风格。而能做好这一点的游戏屈指可数。

在电子游戏里，塑造人物最难的地方就是要让人物和世界有互动。《塞尔达传说：旷野之息》是一款人物对话很少的游戏，但对人物的塑造极为成功。比如游戏里的普尔亚是一位年纪大但是外表年轻且有童心的女性，如果你在游戏里不小心看到了她的日记，之后在和她的交流中她会直接移除玩家希卡之石上的道具，当然这只是开个玩笑，可是所有玩家到这里都会吓一跳。再比如，在卡卡利科村的村长家有个小女孩叫帕雅，这是一个几乎毫无存在感的角色，玩家的主线推进和她没有任何关系。但是随着游戏的推进，玩家去看她的日记就会发现关于她的内容一直有更新。

- 林克大人他英俊威武，仪表堂堂……和我心中描绘的勇者一模一样。精致耸立的双耳，柔顺的金色鬓角，还有那没有丝毫凌乱的头发……不知道为什么，我就是无法抑制内心的悸动。

- 虽然我还是……不习惯和年轻男性相处，但现在终于能够正视林克大人的眼睛和他说话了。虽然还是觉得有点儿害羞……但我的目光始终无法从他身上移开。是因为他那双美丽的蓝眼睛吗？真是不可思议。

- 林克大人应该很喜欢塞尔达公主吧……如果是那样的话，那我觉得他们俩十分般配。我会永远祝福他们。可是，每次只要一这么想，我的心就像被揪住了一样，非常难受……或许是我生病了吧。明天，我一定得去问奶奶拿点儿药才行……

- 我去问奶奶拿药的时候，奶奶就只是一个劲儿地冲着我笑……虽然我也问了博嘉多和多朗，但他们也只是一个劲儿地冲着我笑。结果到了最后，我也没能拿到药……

- 奶奶告诉我了。看来我好像是恋爱了。就算这段感情没有结局，我也不会去强求些什么。他的幸福……大家的幸福，就是我的幸福。对于他，我心里充满了感激之情，因为正是他让我体会到了什么才是爱情。

在这个过程中，帕雅从来没有当面表达过自己的态度，但是帕雅一直在跟游戏的世界互动，玩家可以从另外的视角看到这些。虽然这个角色台词极少，但是塑造得相当成功。

每个电子游戏的角色都不应该独立于游戏世界。

为什么我们要在游戏内种地和养宠物

现代电子游戏有个很有意思的趋势，就是多少都会加入一些非人物的养成类机制，比如养宠物和种地。我们从最单纯的种地游戏说起。

1993 年，和田康宏在准备制作《牧场物语》时被上司问了一个很简单的问题："人们为什么会去玩一款模拟工作的游戏？"和田康宏的回答也很简单：因为有成就感。

和田康宏在制作《牧场物语》时提出了一个很重要的概念：抽象数值的成长产生的成就感是很微弱的，最好的成就感是能让玩家直观感受到的。这句话是没错的，但是在制作中，和田康宏遇到了这句话带来的问题。当时的游戏大多有战斗环节，在此之前，甚至时至今日，大多数人对于游戏内战斗的理解是宣泄暴力，但事实上并不只是如此，游戏内的战斗有两个非常重要的作用：**一是可以帮助制作人控制游戏的整体节奏，需要慢一点儿的地方就让敌人强一点儿，需要快一点儿时就让敌人弱一点儿，通过强弱的调整和循环交替，让玩家不至于过于无聊或者疲劳；二是虽然游戏内的攻击力、防御力、经验值、等级等数值带来的成就感并不好，但是随着这些数值提升，玩家消灭敌人以后的成就感确实是无限高的，也就是说，在传统游戏里，数值并不是直接提供成就感的，而是为战胜敌人的成就感服务的。**

和田康宏的做法就是把成就感拆散成一点一点的小细节，比如种子发芽，比如奶牛产奶，比如鸡下蛋，再比如在游戏内结婚。

除此以外，《牧场物语》的成功还源于两点：一是城市人对农牧生活的长久向往；二是剔除了农牧生活里枯燥和糟糕的成分，只留下那些让人开心的内容，比如成长和收获。

《牧场物语》以及近些年比较成功的《星露谷物语》在游戏机制上最成功的设计，都源于游戏的宏观任务和微观任务的合理设置。

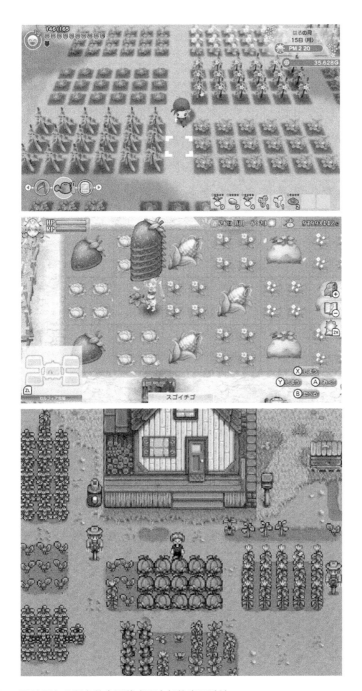

图 11-7　时至今日各个平台的电子游戏玩家都热衷于种地

这类游戏的宏观任务其实非常明确，每个玩家都希望在游戏里创建一个符合自己预期的牧场，这是一个没有明示，但是大多数玩家能达成共识的最终任务。同时，游戏内还加入了大量小任务来鼓励玩家不要半途而废，比如建造房子和升级房子，比如每天去挤牛奶。这些或大或小的任务合理串联起整个游戏过程，最终迈向一致的宏观任务。

这两年类似的游戏非常多，而大部分游戏并没有取得《星露谷物语》的成就，这是因为它们在任务和游戏节奏之间的控制做得比较失败。《星露谷物语》的成功并不是靠着单纯模仿《牧场物语》，它汲取了《牧场物语》的优点，甚至做得更好。当然，这类游戏非常看重目标人群，并不是所有玩家都对这些内容感兴趣。在《牧场物语》最火的年代，也有知名游戏人抨击过里面的这些工作不过是"电子徭役"。

这类游戏的常见机制中有一点比较特殊——钓鱼，不只存在于农场类游戏里，甚至已经快成为 JRPG 的"标配"。钓鱼这个机制被广泛利用主要有两个原因：一是日本钓鱼文化盛行；二是游戏里需要有持续创造惊喜的机制，钓鱼就是一个非常出色的惊喜制造机。日本游戏行业里甚至专门有一类玩家以钓鱼为核心诉求，每进入一款游戏都是不玩游戏主线剧情，只是在游戏里钓鱼。

另外一个比较成功的案例是《最后的守护者》，在该游戏里，你要养的是一只大鹫。这只大鹫身上覆盖着羽毛，有猫一样矫健的身体，但是体型巨大。它也有很多宠物的性格特色，比如偶尔的撒娇、偶尔的不听话和偶尔的心意相通。这些内容叠加在一起，会让玩家觉得仿佛自己真的在游戏里养了一只宠物。

图 11-8 《最后的守护者》里对于大鹫的塑造十分成功

"动森"里的你的小岛

任天堂是一家很了不起的公司，在人们不愿意出门的时候，它跟 Niantic Labs 合作推出了《宝可梦 Go》鼓励玩家出门；在无法随意走动的现在，任天堂又推出了"动森"系列在 NS 平台上的新作品（以下简称"动森"）让大家不想出门。

网上有个很经典的段子，说中年男人每天下班回家前都会在车里待一段时间，因为车对于他们来说是个完全自由的空间。那些沉迷游戏、钓鱼或者去酒吧的中年男人也是如此，女性也有类似的情况，每个人都有一个家庭和工作以外的空间。

"动森"在全世界热销，这让很多游戏制作人和游戏媒体感到意外。在绝大多数国家，媒体采访时都获得了一个几乎一样的答案：我玩这款游戏，只是想找一个地方待着而已。

也就是说，这款游戏真的成为现实世界的避风港。

我在本书一开始提到过游戏内空间的概念，而**最为强大的空间设计是让玩家自然而然地对游戏内空间产生依赖性**。这是非常非常困难的，甚至只有极少的游戏曾经做到过，而那些做到过的也基本是 MMORPG。"动森"作为一款偏向单机流程的游戏，能够做到这一点更是罕见。

玩家的虚拟空间构建有两个很重要的因素。一是**这个空间只能有少量的挫折感，不能有严重的负面情绪产生**，就像很多人虽然狂热地喜欢"魂"类游戏，但是肯定不会长时间在魂类游戏里闲逛。作为放松自我的虚拟空间，"动森"做得好的地方就是在游戏内，玩家感受不到任何强烈的负面情绪。二是**这个空间内是有情感维系的**，单纯放松的空间也不能吸引玩家，情感纽带是必需的，游戏里和小动物的情感纽带设计就相当出彩。

可以做到这一点，就是优秀的游戏机制设计。

"动森"系列有一个非常大胆的设计，游戏里的时间和现实中的时间是绝对同步的，你没办法在游戏里直接度过几天，必须和自然时间一样慢慢地等待。这个设计称得上极其大胆，但确实取得了相当不错的效果。主要原因其实并不是这个设计本身有多好，而是这个设计配合了游戏内大量的激励措施，可以极大程度地延长玩家的游戏时间。换个角度来说，如果游戏内没有那么多的激励设计，这个同步时间的机制可能就是个糟糕的设计了。

"动森"在让玩家坚持游戏的激励措施的设计上非常优秀。比如玩家可以收集鱼、家具，甚至自己的邻居，同时游戏里丰富的创造性功能可以让玩家在游戏里大展身手。在大部分有战斗环节的游戏里，击倒敌人是最大动力，而在"动森"里，把自己的小岛和家布置得比别人漂亮也是一种动力，这点是很多游戏经常忽视的。

除了这些宏观上的设计，游戏里的一些小细节堪称游戏策划的教科书。

为了防止玩家对游戏内容感到疲劳，游戏里会不断刷新各种元素，比如各种虫子、鱼、贝壳、果实，还有可以探索的岛屿，这些元素的目的是让玩家不要在一个地方无所事事，激励玩家多动动，在这个动的过程里就可以消磨掉时间，减少玩家在一件事情上重复劳作可能产生的负面情绪。

所有"动森"的玩家应该都有这个体验，在游戏中跑着跑着就莫名其妙地过了半天的时间。而玩家在这个过程中又不会觉得累，因为游戏里的大部分收集元素和任务属于轻量级，玩家可以随时结束自己的游戏，任何时间退出游戏都没有惩罚，也就是说，没有任何外力强迫玩家必须玩下去。

《冠军足球经理》和打造你的队伍

体育类游戏一直是游戏产业的一个重要组成部分，比如 EA 就有一个非常知名的 EA Sports 团队专门开发体育游戏，也是 EA 非常有价值的部门之一。

现实世界里的体育运动有两个组成部分：一是身体运动，显而易见这是最纯粹的体育运动；二是脑力运动，这是球类运动特有的策略成分。而体育游戏就是取消了身体运动的部分，把关注点放在了脑力运动上。尤其是足球和篮球这种球类运动，真的去球场上参与的成本过高，需要购买装备、寻找场地、寻找队友和对手，更重要的是，大部分人的身体状况也不支持他们参与高强度的运动。所以体育类游戏也有了它的目标受众。

在体育类游戏里，足球游戏一直是最受关注的一个分支。一方面是因为足球本身作为世界第一大运动，受众群体的基数非常大；另一方面是足球的规则设计非常适合改编成电子游戏。

足球游戏有两种明显的分类：一种是以 FIFA 和《实况足球》为代表的拟真足球游戏，玩家模拟球员，组队参与比赛；另一种是模拟经营游戏，玩家扮演的是俱乐部经理和教练。《冠军足球经理》就是模拟经营游戏里的佼佼者。

《冠军足球经理》并不是一款对新手友好的游戏，甚至是一款很容易劝退一般玩家的游戏，因为这个游戏的数值系统过于复杂，比如下面是游戏的实际界面。

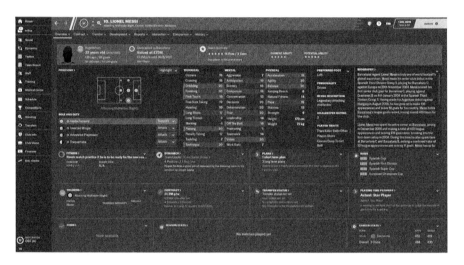

图 11-9 《冠军足球经理》中这些密密麻麻的文字就是玩家要在游戏内时刻关注的内容

大部分人看到这堆密密麻麻的文字肯定会一头雾水，甚至想直接关掉游戏。但事实上，真正的游戏玩家并不会觉得游戏内的数字过于复杂，因为游戏里的大部分数字是不需要我们太在乎其实际意义的。玩家需要做的只是对比不同球员某些数值的高低，至于数值高多少、可以达到怎样的效果，这些并不非常重要。

这也是电子游戏设计里非常重要的一点，游戏的数值系统很重要，但是并不需要为玩家详细交代里面每个数值的具体含义。例如在《暗黑破坏神》系列里，虽然数据非常复杂，但玩家要想衡量自己的实力强度，看 DPS[①] 的

① Damage Per Second，每秒输出伤害。——编者注

数据就足够了，剩下的数据是给极少部分硬核玩家准备的；另外，也可以让玩家感觉游戏团队在数值上下了功夫，是一种心理暗示。

《冠军足球经理》在球员数值的量化上也明显下了很大的功夫。事实上，欧洲已经有相当多的职业球探通过这款游戏来选择球员，甚至用它来评价球员的价值。在很多情况下，这款游戏承担了现实中球探的一部分工作。对于一款电子游戏来说，这应该算是前所未有的成就了。

《冠军足球经理》的成功用一句话形容就是："键盘侠"的胜利。无论哪个国家，无论何种足球论坛，里面都仿佛是一群足球教练在交流，讨论的都是各种战术的合理性和球员的状态、选择。所以事实上，《冠军足球经理》满足了这部分人的需求，如果你认为自己的判断是正确的，那么可以在游戏里尝试一下。

席德梅尔和 4X 涂色游戏

战争模拟是游戏的主要源头之一，如棋类游戏就经常被用来类比战争和国家的经营。《左传·襄公二十五年》里记载的"卫献公自夷仪使与宁喜言，宁喜许之。大叔文子闻之，曰：'……今宁子视君不如弈棋，其何以免乎？弈者举棋不定，不胜其耦，而况置君而弗定乎？必不免矣！九世之卿族，一举而灭之，可哀也哉！'"就是用围棋比喻战争。《战国策·楚策三》里提到的"夫枭棊之所以能为者，以散棋佐之也。夫一枭之不如不胜五散，亦明矣，今君何不为天下枭，而令臣等为散乎？"就是在用当时盛行的六博棋比喻经营国家。

进入电子游戏时代后，内容的丰富让游戏与战争和国家经营变得更紧密了，《文明》系列是其中的佼佼者。

1991 年的《文明》是该系列的鼻祖，运行在 DOS 系统上，也是奠定了《文明》系列的经典的一代。早期画风还是点阵风，并且采用的是八格城池，从《文明》开始就创造出了从古到今的世界观，也有了永恒的"再来一回合"。《文明》也成为最出名的 4X 游戏，这个 4X 指如下内容。

- explore（探索）：玩家要在游戏的地图上进行长期的探索，甚至持续到游戏结束。战争迷雾背后的世界会持续吸引玩家。
- expand（拓张与发展）：在完成区域的探索以后，玩家会想要控制更多的区域，在游戏里较为常见的表达方式是改变一个区域的颜色，这类游戏也被玩家戏称为涂色游戏。
- exploit（经营与开发）：玩家需要维持自己在游戏内的生产和经营，甚至发展科技。有些玩家非常热衷于这个环节，也被戏称为"种田党"。
- exterminate（征服）：多数情况下游戏获胜还是要依赖战争，通过军事行动统治其他区域。

日后，具备这些元素的游戏都被称为 4X 游戏。

4X 游戏在很多游戏策划嘴里也被称为"创世游戏"。玩家除了要像游戏世界中的"创世者"一样决定游戏里的人物和国家的命运以外，还要参与很多内容，其内容的丰富程度远远超出了其他游戏类型需要考虑的内容。玩家要同时在 4X 的四点上合理地分配自己的精力和时间，这也是不同性格的玩家在玩 4X 游戏时采用截然不同的游戏方式的主要原因。有些玩家把它当作军事游戏，还有的玩家在游戏里发展科技。

包括《文明》在内，主要的 4X 游戏都能够满足不同玩家的不同诉求，甚至连游戏怎样算是获胜都考虑到了不同玩家的喜好。在游戏里，玩家可以通过统治世界获胜，也可以通过外交获胜，甚至可以通过建造宇宙飞船获胜。无论哪种性格的玩家，都可以按照自己喜欢的路线完成游戏。

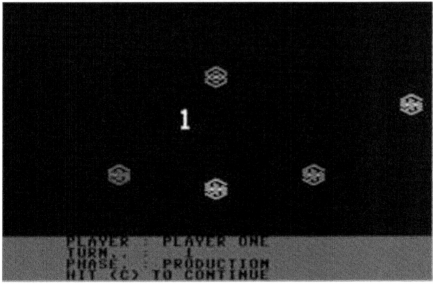

图 11-10   1982 年的 *Andromeda Conquest* 和 1983 年的 *Reach for the Stars* 是 4X 游戏的早

期雏形

但这些都不是 4X 游戏给玩家最深刻的印象，一般玩家提到 4X 游戏，想到的只有"杀时间"。

《文明》应该是游戏史上最知名的"时间黑洞"游戏，玩家打开游戏以后，不知不觉就过了一夜，甚至更久。

心理学上有一个概念叫作"蔡格尼克记忆效应"（Zeigarnik effect），认为那些尚未处理完的事情，会比已经处理的事情更加令人印象深刻。而相比完成目标后的喜悦和成就感，目标即将完成会对玩家产生强烈的激励作用，这就是《文明》系列"下一回合"的理论基础。每个下一回合的成本都相对较低，点点鼠标就可以，于是玩家会一直想要去点。

简明的目标推进手段让玩家形成了游戏惯性，以为自己只要付出一点，就可快速完成目标。前一节提到的《冠军足球经理》也采用了这个思路，成为体育游戏玩家间知名的"杀时间"游戏。

这种设计思路存在于多数游戏中，一些游戏把大任务拆解成很多看似容易完成的小任务就是基于这一点。

《模拟人生》和《模拟城市》

模拟经营游戏向我们展现了很多赤裸裸的现实，比如《大富翁》里的"圈地建楼"，在游戏里无论买卖股票还是投资公司收益都远不如建楼。如果当年有人愿意多研究一下这款游戏，说不定能抓住机遇，实现财富自由。当然这是笑谈。

《模拟城市》诞生于 1989 年，由威尔·莱特（Will Wright）设计，开创了模拟经营类游戏的先河，玩家可以在游戏里假装自己是市长，经营自己的城市。这在当时充满了"打打杀杀"的游戏市场里显得十分另类。1991 年，莱特因为一场大火失去了自己的家，之后就开始考虑制作一款有虚拟房屋的游戏。莱特拿着方案找到了 Maxis 公司，但是被直接否决。1997 年在 EA 收购 Maxis 公司后，EA 选择相信他，并且开发出了模拟游戏的另一个巅峰《模拟人生》。

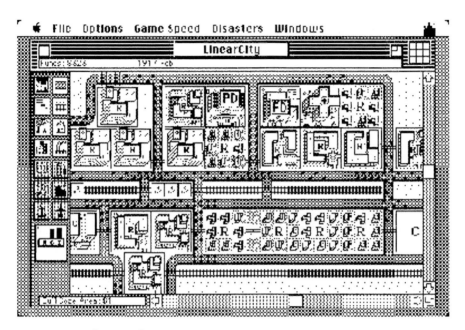

图 11-11　最早《模拟城市》在 Mac 上的雏形

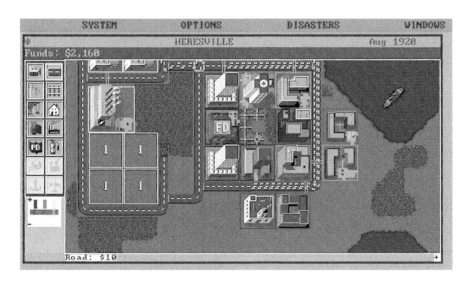

图 11-12　第一个版本正式上市的《模拟城市》

图 11-13　最早的《模拟人生》

　　我有一位好友是狂热的《模拟人生》玩家，一直到本书出版，他已经玩了六年的《模拟人生 4》。这款游戏之所以能够持续吸引他，是因为在现实世界里，他只能"蜗居"在自己 19 平方米的出租屋内，只有电子游戏可以给他提供一个相对自由的生活空间。他是在用游戏空间代替自己现实生活里的空间，虽然听起来有些可怕，但是对于很多人来说这就是现实的生活。

　　我还有一位好友是《模拟城市》的玩家，他是一名建筑设计师，对城市规划非常感兴趣，所以在游戏内尝试各种自己想象中的城市规划方案。对于他来说，《模拟城市》就是一个巨大的实验室。

　　模拟经营游戏最吸引人的地方就是可以完成自己现实里无法实现的梦想。这也是电子游戏的魅力之一，在游戏的虚拟空间内，玩家可以实现很多现实世界里我们无法完成的目标。类似的还有《微软模拟飞行》，作为一款模拟飞机驾驶游戏，主要受众人群就是那些对高空有向往，但是又没有能力真正开飞机的人。《过山车大亨》是满足那些希望拥有自己的游乐场和一片空间让自己胡乱创造的人。

除此之外，模拟经营类游戏的火爆有个很重要的理论基础，那就是人类具有创造欲。游戏化的书籍里都会讲到一个名为成就感的概念。成就感是驱使玩家坚持下去的主要动力之一，模拟经营游戏就是如此，它可以把创造欲转化为成就感。《模拟城市》和《模拟人生》都是典型的应用了这种思路的游戏。

在其他类型的游戏里也有类似的应用，甚至是在玩家意识不到的地方。比如《暗黑破坏神》系列的装备系统，玩家需要根据自己的角色找到合适的装备搭配，而《暗黑破坏神》系列的装备数量极多，数值系统极其复杂，连高水平玩家都要通过一系列数学计算判断最合适的装备搭配，这个过程也满足了玩家的创造欲。你的装备带来的能力上的提升，可以帮助你击倒敌人，也就转化为了成就感。

第 12 章

大决战

为什么我们需要 Boss 战

1975 年，Plato 系统里有过一款名为《地下城》（*Dungeon*）的游戏，这款游戏第一次使用 Boss 这个单词指代游戏里的最终敌人。这款游戏也是最早的美系 RPG。之后，Boss 就成为绝大多数 RPG 的设计元素。

图 12-1 《地下城》的游戏画面

一般在电子游戏里，敌人的外表会有明确的区分，玩家可以一眼看出敌人的功能性。绝大多数电子游戏里 Boss 的特点也可以一眼看出来，那就是特别大。之所以这么设计有两个原因：一是单纯靠设计的话，玩家可能无法想象出对手的实力，那么直接让越强的体积越大就好；二是体积大的敌人给玩家的视觉冲击也更强，这样玩家获胜后的成就感也更高。

从游戏机制来说，Boss 战本质上是一场大考。和我们上学时一样，有学习的过程、小考，最终是大考。这种循序渐进的过程对大部分人来说更容易被接受。

一般情况下，Boss 战有以下四点意义。

1. 为玩家提供一个阶段的奖励，这个奖励是道具、装备，也是战胜 Boss 的快感。

2. 为玩家提供一个里程碑记录和阶段性目标，让玩家的目的更明确。

3. 测试玩家对游戏机制的理解程度，帮助玩家掌握后续游戏里需要的技能。

4. 创造紧张感和渲染史诗感，增强玩家的代入感。

现今的电子游戏，Boss 战的设计逻辑有两种：一种是强力的敌人，敌人本身在数值层面很强大，玩家靠着之前的数值很难战胜，传统的 RPG 基本使用了这类设计；另一种是类似音乐游戏的 Boss 战，每个 Boss 都有既定的战胜套路，这个套路和平时的小规模战斗可能毫无关系，多数动作游戏采用了这种设计模式。

这两种模式谈不上好坏，只是针对不同类型的游戏采取的不同方法而已。

图 12-2　游戏里的 Boss 要给玩家很强的视觉冲击

　　Boss 战是一个经常被一些大的游戏开发项目忽视的内容。比如"超级马力欧"系列是一个成功的游戏类型，但该系列的 Boss 设计得多少有些失败，比如《超级马力欧 64》里的所有 Boss 就是把关卡内的"杂兵"做得大了一点儿，战斗模式上也没有明显的创新点。当然，这都不是最主要的问题，最大的问题是日后马力欧系列的大部分 Boss 其实和游戏的剧情无关，经常会莫名其妙地在某个地方出现一个 Boss。而回想《超级马力欧兄弟》，可以发现最后库巴的出现是为了绑架公主，虽然叙事上也挺无聊的，但是至少给他的突然出现找了一个玩家能接受的理由。

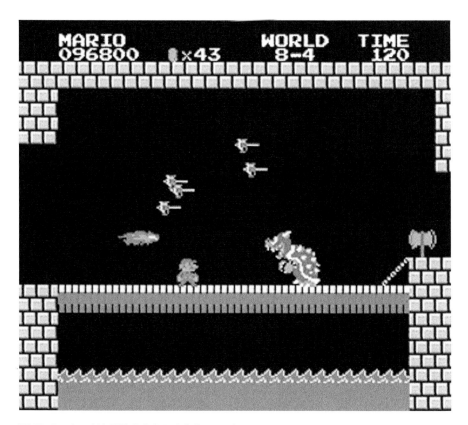

图 12-3　库巴应该是游戏史上最出名的 Boss 之一

　　"超级马力欧"系列中最好的 Boss 设计来自《超级马力欧：奥德赛》，除了和游戏剧情高度贴合以外，也增加了很多游戏内机制的互动，比如这一部里马力欧可以附身在某些道具里。在"阿炽尼亚神殿"的 Boss 战里，玩家甚至可以附身在 Boss 悬浮的拳头里，用 Boss 的拳头打 Boss 自己。

值得一提的是，在我看过的作品里，最值得学习的是漫画《龙珠》里的Boss战。几乎每一场Boss战的桥段都设计得极其完美，所有的Boss战都包括四个组成部分。

1. 前期对Boss实力的客观渲染，比如在"沙鲁游戏篇"前，读者会先看到实力已经相当恐怖的人造人，之后知道沙鲁的实力更是在人造人之上，形成了对比；在"魔人布欧篇"，可以通过界王神的言语和态度知道布欧实力的强大。每个Boss在实际出现前，一定会通过第三方侧面描写他的实力，让读者对这个Boss强大的实力有一个客观的认知。

2. 第一次面对Boss时大都会失败，无论是面对比克大魔王、弗利萨、沙鲁还是布欧，一开始都无法招架。在前一部分对Boss的实力有了客观的认知后，在这一部分通过主角的失败增强了主观认知。

3. 所有的Boss战里都有牺牲，比如弗利萨杀害了小林，布欧杀了比克，甚至主角孙悟空都被沙鲁杀死过。牺牲让日后的Boss战增加了仇恨的色彩，同时增强了读者的代入感。

4. 通过某种绝招杀死最终Boss，增强了Boss战的仪式感。比如打败弗利萨靠着超级赛亚人变身，而战胜布欧是靠着元气弹。

后来，很多玩家说《龙珠》的桥段设置得过于俗套，但其实这反而让《龙珠》成为经久不衰的作品，之后很多火爆的漫画学习了类似的桥段设置。《航海王》在这一点上就做得相当出色，比如司法岛篇里客观渲染了CP9作为秘密情报机关的实力，路飞在第一次面对CP9时被彻底击溃，之后妮可·罗宾被抓走审判，在最终决战里，路飞靠着第一次使用的二挡战胜了布鲁诺。

如果我们归纳一下，会发现漫画史上最经典的战役基本遵循了相似的套路。**套路不是错的，只要用好。**

QTE 系统

QTE 是 Quick Time Event（快速反应事件）的缩写。在游戏中的特殊时刻，画面上会出现一个或多个按键提示，玩家需要立刻或在规定的时间段内按下按键，继而触发一连串的动画。

图 12-4　QTE 系统在各种电子游戏里都出现过

QTE 在游戏史上是一个很早就有的设计，但是一直到《莎木》，这类设计才被统一命名和高度归纳。而这个设计的源头显而易见就是音乐游戏，尤其是日本的打鼓类游戏，从一开始就存在类似 QTE 的设计。

QTE 被频繁使用，核心原因是电影化叙事手法在游戏里的重要性越来越高。QTE 的特点非常明显。

1. 在传统电子游戏里，都有"播片"环节，通过动画等交代故事剧情。但是这个过程经常会让玩家感到乏味，而 QTE 就相当于在动画过程中加入了玩家可以操作的内容，提高了玩家的参与感。

2. 降低关键地方的游戏难度，比如复杂的跳跃机制很难，但是可以换成 QTE。《古墓丽影》系列对 QTE 的使用大部分是这种情况。

3. 在战斗中，QTE 可以增强仪式感，比如最后一击需要通过 QTE 完成。《战神》中的 QTE 就是这种情况下的应用。

对于游戏开发者来说，使用 QTE 通常可以在相对低的成本下呈现出更好的动作效果。玩家角色和环境的互动是设定好的，不需要特地开发一套完整的动作系统。对于玩家来说，虽然 QTE 对反应力有所要求，但只要集中注意力也能顺利过关，而且成功后的回报很高，所以很长时间内玩家对 QTE 有很高的接受度。

单纯从游戏玩家的角度来说，QTE 并不是一个绝对好的设计，最严重的问题是**玩家在游戏过程里积攒的战斗经验在 QTE 里是完全无用武之地的**。严格意义上来说，QTE 是降低了游戏的难度，虽然在视觉上渲染了 Boss 战的宏大属性，但是减少了通过自己努力通关的成就感。比如《阿修罗之怒》就是一款过度依赖 QTE 导致游戏性大幅度下滑的游戏。

之所以现在还在大规模使用 QTE，最关键的原因还是 QTE 是一种相对简单的提供电影化叙事手段的方式。

好的 QTE 设计应该是鼓励玩家使用 QTE，完成 QTE 有更高的奖励，而不应该是强迫玩家使用 QTE。

除此以外，手机游戏大量使用 QTE 就毫无道理。现在已经有国产手机游戏大规模加入 QTE，但其实大部分游戏并没有叙事需求，QTE 就成了打断游戏战斗体验的罪魁祸首。这些游戏加入 QTE 显然是没有认真思考过 QTE 适合的应用场景，觉得主机游戏里有的设计一定是好的设计。

游戏行业也做出了一些类似 QTE 但是比 QTE 更加好接受的系统，比如《黑暗之魂》系列并不算有 QTE 系统，玩家在战斗期间没有被提示要输入什么对应的按键，但事实上，《黑暗之魂》里绝大多数的敌人有相对既定化的战斗模式，要熟悉这些模式才可以顺利击倒敌人。

《旺达与巨像》里不同寻常的 Boss 战

《旺达与巨像》一直都被认为是游戏市场具有艺术表现力的游戏之一。游戏讲述了玩家所扮演的男主角旺达为了拯救少女 MONO 的性命，偷了族里的神剑"往昔之剑"，带着因被诅咒而被夺去灵魂的少女的遗体，骑上爱马前往边陲的"往昔大地"，寻找传说中能令人死而复生的神秘之术。

除了非常浪漫而残酷的故事设定和渲染的凄凉游戏画面外，真正让玩家记忆犹新的是游戏的主线故事里是没有任何杂兵战的，只有 16 场 Boss 战，对应着 16 尊巨像。

对于没有玩过这款游戏的人来说，很难想象在草原上骑马，然后击倒 16 个敌人究竟能有多少乐趣，但是玩过游戏的人都能体会到强大的游戏性和游戏本身带给玩家的巨大冲击。一方面，这款游戏虽然只有 Boss 战，但是寻找 Boss，以及和 Boss 作战的过程都是游戏内容；另一方面，游戏里空旷的草原和悲凉的环境给予玩家前所未有的体验，一种在以往电子游戏里不曾体验过的代入感，这也是很容易被电子游戏忽视的一点。如果视觉上的代入感强，那么玩家就会降低对游戏传统叙事内容的诉求，甚至在一定程度上会降低对游戏性的诉求。

图 12-5　形态各异的巨像成为游戏中仅有的敌人

　　《旺达与巨像》的设计影响了日后的很多游戏，《战神》系列、《塞尔达传说：旷野之息》都明显受到了这款游戏的影响。

主角就是 Boss

大部分 RPG，站在敌对怪物的立场上看，主角应该是最大的 Boss，甚至可以称得上是"连续杀人狂"。一堆小怪被主角陆续"杀死"，本来以为可以拯救自己的大怪物也被主角一个个"砍死"。最终，主角"砍死"了小怪物所有的希望。更重要的是，主角是可以无限重生的，这就更加渲染了游戏里敌人的悲壮。这种反向思考方式有种有意思的解读，比如当你选择了简单模式，对于游戏里的敌人就是超级困难模式；当你放弃了一款游戏，就相当于游戏里的敌人获得了最终的胜利。

听起来很奇怪，甚至有些缺乏人性，但这是很多游戏在塑造的主角形象。

无论中国的网络小说，还是日本的"轻小说"，火爆的那些多少有类似的套路，主角一定是一个一路过关斩将、谁也不服的人，这才让人更加想成为他。但是，转换一下视角也会发现，其实大部分主角显得没有那么有正义感。

提出这个观点，一方面是希望玩家不要在游戏内深究太多道德问题，游戏中的世界毕竟是虚拟世界，开发者为了让游戏好玩投入了大量精力，过程中一定会忽视一些现实世界里的道德评价标准；另一方面，游戏的设计者也可以换个角度考虑自己的每个角色，如果立场不一样，那会有多大的反差？

第 13 章

挑战生理极限

RTS 游戏的没落和 MOBA 的崛起

RTS 游戏的没落是一个非常有意思的话题，一个时代的电子竞技王者，进入下一个时代以后，竟直接消失了。

很多书从商业上分析了 RTS 游戏没落的原因，我的另外一本书《电子游戏商业史》里也提到了商业原因，有三条。

1. 电脑游戏在欧美和日本本来就不是主流游戏，而 RTS 游戏又因为需要鼠标的控制，没办法顺利跨平台，所以欧美公司的开发欲望越来越低，甚至一批小公司在靠着 RTS 游戏成名以后也转而开发其他类型的游戏。

2. RTS 游戏平均生命周期太长，导致不好估计后续游戏的开发进度，暴雪对项目进度的规划就明显出了问题。

3. RTS 游戏本来就不是一个多大的游戏类型，游戏单品一直很少，不像 RPG 之类的市场可以在同一时间容纳几十款甚至上百款游戏，这就导致了风险徒增。

但这不是本书主要想讲的内容，我们更多关注的是游戏本身。

RTS 游戏在机制上是有先天缺陷的。

很多人说 RTS 游戏没落的主要原因是操作难，这句话其实没错，但并不完全是因为难度，难度背后还有隐藏因素——操作的信噪比太低，或者说，无用的操作太多。

信噪比低的第一个问题就是对观众不友好。RTS 游戏的游戏过程中有大量的细节操作，这些操作玩家是无法感知的，或者说只有本身的水平非常高的玩家才能感知，一般观众是看不懂的。

举个例子，我曾经在和朋友逛商场时，看到商场里有《铁拳》的比赛，朋友从来没玩过《铁拳》，我最后一次玩的还是《铁拳：暗之复苏》——那是很多年前的游戏了。但是我们两个兴致勃勃地看了两个多小时，哪怕我们不懂角色的技能，但是至少我们可以看懂打架。与此类似的是《英雄联盟》和《反恐精英：全球攻势》，有大量观众根本不玩这两款游戏，甚至从来没有打开过，但是他们依然可以看得下去比赛。

观众喜欢的比赛基本是拼反应的，而且是瞬间反应，按照这个标准，玩家观赏度最好的分别是格斗游戏、射击游戏、MOBA、RTS 游戏。

格斗游戏因为平台原因在中国玩家相对较少，但是在欧美和日本一直非常火爆，像《任天堂大乱斗》就有自己的赛事，并且观众极多。而射击游戏是整个电子竞技领域里唯一一个单款类型能够有多款游戏在同时间有大量受众的。热门的电竞游戏，一定能让观众尽可能多地理解玩家的操作，**双方的信息越对等，观赏性越强。**

信噪比低对选手本身的体验也不友好。

在《星际争霸》的巅峰时期，比赛对玩家的 APM（Actions Per Minute，每分钟操作的次数）有极高的考验。顶尖的《星际争霸》选手里，Nada 和 Dove 的 APM 达到过 400，而 Herimto 在一场比赛里的 APM 达到过惊人的 577。

对于《星际争霸》的电竞选手来说，要提升自己必须提高各种操作水平，甚至是各种沉没操作。

你在一件事上投入了越多的成本，失败以后的负面反馈也会越强烈，这是大家的共识。

在竞技项目里，劝退玩家的永远不是胜利，而是失败。 对于一款电子游戏来说，失败的反馈要尽可能地合理，要让玩家体会到挫折感，但不至于挫败到下次不想打开游戏。

所以有个很显著的体验是，《星际争霸》和《魔兽争霸》玩起来会非常累，不一定是身体累，更多的是心累。

不考虑极端情况，一般《星际争霸》一局的天梯比赛时间也只有 5 到 15 分钟，这个时间比《英雄联盟》还要短，但是要累得多。

这个累的背后有两个原因，一是"沉没操作"过多，玩家有相当多的操作在结果上无法体现；二是操作上的差距很容易形成单方面的碾压，彻底"劝退"玩家。所以当玩家有更为轻松的选择以后，自然会抛弃给自己带来痛苦的选择。

这就是为什么 MOBA 崛起，因为控制的单位少，"沉没操作"较少，玩家容易参与，并且失败后的负面效应更小。

事实上，MOBA 本质上也是一个"沉没操作"较多的游戏模式。这也是为什么《英雄联盟》和《王者荣耀》里有大批玩家只玩大乱斗，就是因为轻松。

一款游戏在竞技和轻松之间找一个平衡点是最难的。

所以 RTS 游戏被放弃不是难这一个字可以简单概括的，而是多种因素造成的——**信噪比太低，"沉没操作"太多，关联的负面反馈过于强烈，加上操作难这一个客观事实，使得游戏的没落几乎是不可避免的。**在大部分玩家习惯了 MOBA 的节奏以后，哪怕现在有公司再做出来顶级质量的 RTS 游戏，也很难续写当年的辉煌。

看完前面的内容后，读者有没有发现一个最重要的问题？

在前面我默认了 RTS 游戏 = 竞技游戏。

几年前，我第一次和朋友讨论这个话题的时候就提到过一句话，**RTS 游戏成也《星际争霸》，败也《星际争霸》。《星际争霸》为这个游戏类型提供了一个电子竞技层面无限高的天花板，但是也让玩家觉得 RTS 游戏就一定要做成竞技类型。**

在《帝国时代 2》的重置版上市时，我玩了好几个通宵。跟朋友聊天的时候，大家对这个系列嗤之以鼻，原因是"平衡性不好"，缺乏竞技要素。但是问题来了，游戏的本质不就是玩个开心？

这就是我前面那句"成也《星际争霸》，败也《星际争霸》"最主要的体现，**当现在所有人都默认 RTS 游戏一定要走竞技道路时，这个游戏模式**

注定走向了死胡同。而《英雄联盟》《王者荣耀》和 *DOTA 2* 里的娱乐模式都避免出现这种情况，竞技游戏影响力大，但不代表所有玩家都是竞技类玩家。

这里还有个题外话，也是我前面提到过的一个话题，随着 RTS 游戏的没落，可以发现电子竞技主要以多人游戏为主。除了团队配合带来了更多的游戏方式和发挥空间外，还有个原因就是多人游戏可以极大程度地稀释掉每个玩家对于失败的负面反馈，你完全可以去抱怨你的队友。

说实话，现在没法"甩锅"的游戏，我都不想去玩。

电子竞技游戏需要挑战玩家的操作极限，而电子游戏不是。

智能手机和动作的精准控制

iPhone 开启的智能手机游戏时代有一件经常被忽视的事情，就是游戏的操作方式迎来了一次巨大的变革。传统电脑游戏的交互方式是鼠标和键盘，游戏机游戏用手柄，诺基亚时代的手机也是用键盘的按键交互，而 iPhone 的多点触控技术提供了一个新的以触摸为主的交互方式。

至今，游戏市场的交互方式一共有六种。

1. 鼠标：有精准的定位能力，并且电脑用户基本不需要单独购买，但是需要一个水平平面，并且基本只能在电脑平台使用。
2. 键盘：按键多，可以进行复杂的操作，但是没有定位能力，电脑用户基本不需要单独购买，并且只能在电脑平台使用。
3. 手柄：定位能力不够精准，可以跨平台使用，但需要专门购买。
4. 触摸：有精准的定位能力，一般应用在智能手机和平板电脑上，不需要单独购买设备，但是很少在大屏幕设备上应用。
5. 体感：交互性和沉浸感最强，但几乎每个平台都需要单独购买设备，投入最大。

6. 音频：因为使用场景受限，多数情况下只能作为辅助功能。

如果以详细的操作介质划分的话，一共可以有下图这些复杂的情况。

图 13-1　游戏操作介质

在这些交互方式里，触摸是唯一一种可以做到和手指完全同步的方式，尤其是多点触摸技术的普及，更让触摸的交互拓展了想象空间。在 iPhone 开启的智能手机游戏时代早期，绝大多数的爆款游戏利用了这种特殊的交互方式。比如《切水果》《神庙逃亡》《涂鸦跳跃》《愤怒的小鸟》都是如此。

在那个时代，最大限度地利用触摸的效果本身就是卖点。而随着智能手机游戏的发展，多数游戏已经弱化了触摸这种核心交互方式。一方面是玩家对触摸丧失了新鲜感，另一方面是制作者也对触摸丧失了新鲜感，已经不愿意在交互方式上花更多的心思。

弹幕游戏和音乐游戏

第一款节奏类音乐游戏是七音社开发的《动感小子》(*PaRappa the Rapper*)，于 1996 年 12 月发布在 PlayStation 平台。

真正收割这个市场的是 Konami。1997 年 12 月，Konami 的 *Beatmania* 上市，出现了现在被广泛使用的下落式按键设计，音符会从上往下掉落，玩家需要在合适区域按出对应按键。

图 13-2 *Beatmania* 和现代的音乐游戏区别已经不大了

Konami 日后又推出了 *Dance Dance Revolution*，就是中国玩家所熟悉的跳舞机，地台上有上下左右四个方向，玩家需要用脚代替手指完成游戏。

音乐游戏本质上就是反应游戏，如果音乐节奏能够形成反馈，那么体验就会非常好。

事实上，进入 21 世纪第二个十年以后，音乐游戏陷入了长久的瓶颈期。主要原因有三点：一是音乐游戏的操作方式基本已经固化，只有按和拖曳两种核心操作方式，很难在操作上创造出足够的新意，导致哪怕看起来不同的音乐游戏玩起来也很相似；二是音乐游戏整体而言是小众市场，很难做成大规模投资的游戏，因此变得越来越小众；三是最为核心的原因，音乐游戏对新人非常不友好，或者说新人的正反馈来得太慢了。一款电子游戏或者可以说任何产品，在合适的时间给予玩家合适的正反馈是最重要的设计准则，但是对于音乐游戏来说，正反馈必须在经过大量练习，水平提升以后才可以获得，所以音乐游戏很容易在新手期"劝退"玩家。同时，音乐游戏又是一种负反馈非常强烈的游戏模式，玩家在一首几分钟的乐曲里，因为一些极小的失误也可能挑战失败，这种低容错率即使对于水平较高的玩家来说，体验也相当糟糕。

但这不代表这个市场里没有优秀的作品，*Cytus* 系列和 *Deemo* 都是其中的佼佼者。这两款游戏均来自雷亚游戏，是智能手机平台上最成功的音乐游戏。

这两款游戏最大的特色是在传统音乐游戏上，使用了更加充满艺术性的美术风格，同时加入了叙事情节，这是以往音乐游戏里不多见的。即使过往的音乐游戏有叙事，大部分也和校园相关，而 *Cytus* 系列是一个科幻故事，*Deemo* 则更像是一个奇幻童话。

进入 21 世纪以后，多数的音乐游戏选择加入一条清晰的叙事线，这么做的核心原因也是希望通过叙事更好地提高正反馈的数量和频率。在传统音乐游戏里，玩家必须要挑战高分才有正反馈，而如果有了叙事，那么推进剧情也可以作为一种正反馈。

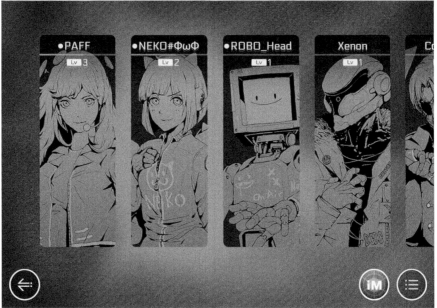

图 13-3　两款游戏在美术风格上就和传统的音乐游戏有鲜明的差异

第 14 章

机制的关联性

为什么机制需要有关联性

在提到关联性之前，我们首先要了解机制的独立性。事实上，现阶段的大部分 3A 游戏不只存在一种核心玩法。比如《神秘海域》系列，其实是四种核心玩法的集合，包括战斗、解谜、叙事、攀爬和移动，玩家从游戏一开始就频繁地在这四种核心玩法中切换，之所以这么设计就是为了给游戏提供**节奏感**。在这四种核心玩法里，战斗的节奏是最快的，叙事是最慢的，解谜是最费脑子的，而游戏里经常用大量的攀爬和移动场景串联这些内容，比如主角跟人交流完以后，需要走一段距离，然后爬上某个建筑，之后就展开战斗，这么设计是为了让玩家自己掌控攀爬和移动的节奏。游戏策划通过合理地调度这四种核心玩法，让玩家可以合理地切换紧张和舒缓的节奏，这也是一款好游戏必须要做到的事情。《神秘海域》还有一点做得非常巧妙，游戏里那些所谓解谜设计其实都十分薄弱，更像是游戏策划让玩家"误以为"自己在解谜，这可以让玩家切换心情，还能保证没有让玩家出戏。

事实上，这些看似独立的核心玩法，玩家却没有过强的突兀感，每种核心玩法的过渡都非常自然且平滑，这就是机制的关联性。在很多情况下，玩家需要在这些核心玩法里频繁切换，比如战斗时玩家也需要移动和攀爬，战斗期间也可能有叙事。所以，其实是每个场景都有一个主要机制和几个次要机制，下个场景只要把其中一个次要机制变成主要机制就可以，这就让核心玩法间的过渡显得非常自然。

设计师基思·伯根（Keith Burgun）提到过游戏开发有两种类型，分别是Elegant Game 和 Patchwork Game，两者是以游戏机制的关联性划分的。如果一个游戏机制和更多其他游戏机制关联，那么就是 Elegant Game；如果机制几乎是独立的，那么就是 Patchwork Game。典型的 Elegant Game 是《塞尔达传说》系列，游戏里的战斗技能同时可以用来解决游戏里的谜题，这点在《塞尔达传说：旷野之息》里发挥到了极致，没有任何一个技能的功能是单一的，甚至丰富到超越了策划团队的预期。类似的是《古墓丽影 9》，在这个游戏里，弓箭除了是战斗工具以外，还可以作为移动工具，在后面拴上绳子就可以用来攀爬。在绝大多数情况下，Elegant Game 是最优的选择。

相反，如果一种机制在游戏内的适用范围非常狭窄，或者和其他机制完全没有任何明显的联动，那么这个机制的设计就是糟糕的。

《王者荣耀》内的机制滥用

《王者荣耀》虽然收获了数以亿计的玩家，但是游戏内的机制设计一直有缺陷，甚至存在巨大的失误。

一般来说，游戏里有两种明确的克制关系，分别是属性克制和机制克制。前文提到的《精灵宝可梦》等游戏属于典型的属性克制，水属性是一定可以"吊打"火属性的。另外一种是机制克制，比如在 MOBA 里，刺客一定可以"秒杀"射手。

《王者荣耀》早期存在非常严重的机制滥用问题，最有代表性的就是位移和控制技能过多。

比如早期的英雄里，李白的第一技能是两段突进和眩晕，第二技能是减速；王昭君的被动技能是减速，第一技能有减速效果，第二技能有冰冻效果，第三技能也有减速效果；老夫子的第一技能是强制位移，第二技能有减速效果，第三技能有禁锢效果；赵云的第一技能有突进和减速效果，第三技能有突进和击飞效果。如果对比的话，会发现《英雄联盟》里同时拥有多段位移和控制技能的英雄至今都屈指可数，而且对技能的使用也有所限制，比如盲僧和贾克斯作为游戏里同时具有位移和控制技能的强势英雄，在游戏里位移技能非常依赖视野道具来帮助其跳跃到目标点，也就是说，位移要付出金钱成本——买眼。

另外，技能数量本身就是非常重要的影响因素，《英雄联盟》里的大部分角色有两个攻击技能，一个是保命技能，另一个是大招，这是较为常规的搭配。该游戏还会为某些先天比较脆弱且后天不容易出肉装的英雄配置更多的保命技能，比如"暗夜猎手·薇恩"的 Q 技能可以进行一小段翻滚，E 技能可以将敌人击退，在使用了 R 技能以后的 Q 技能还附带了隐身；"虚空之女·卡莎"的 E 技能在进化后可以隐身一小段时间，R 技能可以在位移的同时提供护盾。但是在《王者荣耀》里，每个角色只有三个技能，导致大部分射手位没有保命技能。

更重要的是，《王者荣耀》早期有主动释放技能的装备很少，之后陆续制作了两件有主动释放效果的保命装，分别是"辉月"和"名刀"，其中"辉月"是法术加成装备，只能法师出，而"名刀"理论上射手是可以出的，但刺客也可以出，甚至因为能为刺客提供移速，所以刺客的使用效果更好。而另外一件更为主要的保命装备"贤者的庇护"因为没有任何攻击属性加成，所以其提供的复活效果也很容易让玩家在"团战"中复活等死，对射手的帮助依然有限。当然，即便如此，很多射手也会被迫从里面选出一件。

以上原因使《王者荣耀》里射手的生存空间非常狭窄，甚至有很长时间射手都无法在高分局和职业赛场出现，这显然严重偏离了游戏的设计初衷。

为了解决这个问题，《王者荣耀》的做法相当简单粗暴，直接加强了射手位的装备、射程和数值伤害，结果在 2019 年以后的数个版本里，游戏里的射手变成了几乎无敌的存在，尤其在后期完全无法处理。

这就是非常典型的机制滥用导致的连锁反应，位移和控制技能过多，导致一部分英雄完全无法上场，所以只能通过数值的调整加强这部分英雄的实力。而在游戏策划里，**通过数值弥补机制缺陷是最糟糕的一种设计**。

更加科学合理的做法是削弱现有机制，《英雄联盟》的做法是大幅度削弱控制和位移技能，比如瑞兹的 W 技能移除了直接禁锢效果，阿卡丽的 R 技能的眩晕效果被删除，这两个技能在修改前都使这两个英雄成为职业赛场上的高胜率英雄。这些修改都是为了平衡游戏的机制，虽然玩家的争议很大，但是从平衡性角度来说比《王者荣耀》的单纯数值修改要合理得多。

　　事实上，如果看《英雄联盟》的更新记录，会发现拳头公司很喜欢削弱小技巧，不是削弱数值伤害，也不是重做机制，而是增加技能的冷却时间，有时一个技能增加一两秒的冷却时间就会引起质变。这也是《王者荣耀》经常使用的一种削弱手段。

　　这种调整思路在所有游戏里都可以看到，比如《光环 3》刚推出时，狙击枪的战斗力过强，而主机平台有特殊的瞄准辅助功能，这就让狙击枪哪怕在近战中使用也很容易瞄准，一时间狙击枪成为肉搏武器。事实上，开发团队有很多方法可以改善机制，比如削弱狙击枪的伤害性，或者调整狙击枪的瞄准辅助。但制作团队只是把狙击枪的速度降低了 0.2 秒就解决了全部问题，对于近战来说，这 0.2 秒影响太大了。

　　当然，游戏行业也有用数值弥补机制问题的成功案例，例如暴雪的《暗黑破坏神》系列和《魔兽世界》。暴雪把游戏内每个玩家的战斗能力高度数值化成一个 DPS 数值，然后通过这个数值评价玩家的战斗能力，显然这也忽视了机制问题。但之所以这个问题在暴雪的游戏里不突出，还是因为技能系统给了玩家更多的选择空间，玩家在游戏后期的技能其实都大同小异，相当于给了玩家更多的选择空间。

《英雄联盟》的蝴蝶效应

　　《英雄联盟》相对数值敏感程度非常高，这就造成了游戏内很容易出现因为一个装备调整产生蝴蝶效应的情况。

　　在 S10 前，制作方加强了"日炎斗篷"这件装备，而这件装备十分适合"坦克"类英雄使用。这就导致游戏的"上单"英雄中"坦克"类英雄的出场率越来越高，高胜率的多数是"坦克"类英雄。为了避免"坦克"类英雄后期无法处理，"打野"英雄特朗德尔就成为高出场率的选择，这个英雄的 R 技能可以吸取对方的护甲、魔抗和生命值，也就是说，对方"坦克"越强，自己就越强。而在此之前，特朗德尔几乎很多年没有在职业赛场上出场，甚至在玩家的排位里都很少出场，有数年的时间，这个英雄可以说是唯一一个在排位赛里没有统计数据的英雄，用的人实在太少。而特朗德尔的出场使得另外一个"打野"英雄千珏也提高了出场频率，因为在"打野"时千珏对抗特朗德尔有压倒性优势，在此之前千珏的出场率也不高。游戏内"上单"和"打野"的生态变化，只是因为调整了一件装备。

与之类似，在 S7 时，一件"炽热香炉"会对 ADC 位置大幅度加强，任何有护盾的英雄都可以触发"炽热香炉"的效果——增加目标 25% 的攻击速度和每次普通攻击 25 点的吸血，而且这个效果可以多次叠加。于是出现了一种非常另类的打法，游戏到中后期就是在比拼哪一边的"炽热香炉"装备数量多，甚至在职业赛场上还出现过上、中、下路英雄全部使用可以出"炽热香炉"装备的英雄。同时，ADC 英雄也开始选用那些以往认为比较容易死，但是攻击距离更远的英雄，因为有多个队友可以为自己增加护盾，而且"炽热香炉"的吸血效果也可以保全自己的性命。也就是说，一件装备彻底改变了游戏内的生态。

不只是装备会引起这种变化，游戏内的机制变动也会产生类似的效果。为了加快游戏节奏，防止过于沉闷而让观众感觉乏味，游戏内增加了塔的镀层机制，在前 14 分钟打掉一部分塔的血量后会增加金钱收入，这就使游戏前期的节奏非常快，玩家希望前期尽可能通过多获取镀层经济来占领更多的经济优势。在镀层收益最高的版本里，游戏内主要带动前期节奏的打野基本会选择早期非常强势的英雄。

经常看《英雄联盟》的玩家可能会发现，随着版本的更迭，职业赛场上英雄的使用和打法会出现天翻地覆的变化，有些时候并不是因为制作团队做了大幅度的修改，可能只是制作团队做了一点儿看似微不足道的改变。

这种修改有好和不好两方面，好的方面是对于观众和玩家来说新鲜感十足，不停地有新的打法出现；不好的方面是，游戏内的玩法和机制严重缺乏稳定性，经常出现"一代版本一代神"的情况，甚至会出现很多职业选手因为不适应版本更替状态，大幅度下滑的情况。

因为《英雄联盟》整体节奏较快，所以机制改动对游戏本身的影响更加明显，DOTA 2 也有类似的情况，比如"诡计之雾"的出现就完全影响了整个游戏的生态和打法，还有"跳刀"和"肉山"的修改，也都使生态出现过天翻地覆的变化。

这里还涉及另外一个关键问题——游戏的平衡性。

首先，什么是平衡性，站在玩家的角度来说，**平衡性是让玩家一直有选择余地的动态机制**，或者说平衡性的本质是保障游戏的多样性，也就是说，玩家在各种情况下，要确保可以通过选择改变自己的命运，而不是只能等死。站在游戏开发者的角度，**平衡性是游戏策划和玩家之间一种默认的契约关系**，游戏策划要保证玩家在游戏里的投入一直是有意义的。

在单机游戏时代，平衡性的概念并没有那么重要，因为游戏里你的敌人是没有情绪的，进入网络游戏时代以后，平衡性立刻成为一款游戏的核心。当然，还有另外一点很值得强调，那就是平衡性和公平性是两个概念，比如游戏里有一种战术非常强大，对方难以应对，那么就是平衡性差，但是并不代表不公平，因为你也可以选择用这种战术。不公平的意思是，游戏开发者告诉一部分玩家，执行 A 战术可以获得 X 收益，但是对另外一部分玩家说，执行 A 战术获取的是 Y 收益，只要 X 和 Y 的强度不一，那么就是不公平的。所以**不平衡不一定意味着不公平，但是不公平一定是不平衡的**。

另外很重要的一点是，一定程度的随机性是平衡和公平都需要的，因为**运气对所有人都是平衡和公平的**。哪怕不公平，你也不会抱怨游戏的开发者，最多抱怨自己运气差。

非常需要注意的是，多人游戏内的公平比平衡性要重要很多。

美国心理学家约翰·斯塔希·亚当斯（John Stacey Adams）提出的公平理论可以解释公平的重要性。

1. 公平是激励的动力。公平理论认为，人能否受到激励，不但根据他们得到了什么而定，还要根据他们所得与别人所得是否公平而定。这种理论的心理学依据，就是人的知觉对人的动机影响很大。他们指出，一个人不仅关心自己所得所失本身，还关心与别人所得所失的关系。他们以相对付出和相对报酬全面衡量自己的得失。如果得失比例和他人相比大致相当，心里就会平静，认为公平合理，心情舒畅；比别人高则会兴奋，受到鼓励，但有时过高会让人感到心虚，不安全感激增；低于别人时会产生不安全感，心里不平静，甚至满腹怨气，工作不努力，消极怠工。因此，分配合理性常是激发人在组织中努力工作的因素和动力。

2. 公平理论的模式（即方程式）：$Q_p/I_p = Q_o/I_o$。Q_p 代表一个人对他所获报酬的感觉。I_p 代表一个人对他所做投入的感觉。Q_o 代表这个人对某比较对象所获报酬的感觉。I_o 代表这个人对比较对象所做投入的感觉。

3. 不公平的心理行为。当人们感到不公平时，会很苦恼，呈现紧张不安的状态，导致行为动机下降，工作效率下降，甚至出现逆反行为。个体为了消除不安，一般会采取以下一些行为措施：通过自我解释达到自我安慰，制造一种公平的假象，以消除不安；更换对比对象，以获得主观的公平；采取一定行为，改变自己或他人的得失状况；发泄怨气，制造矛盾；暂时忍耐或逃避。

同样，平衡性差也会给游戏带来一系列问题。平衡性差会使所有玩家一窝蜂地使用同一个战术，导致剩下的战术变得毫无意义，降低了游戏性。所以对于开发者来说，平衡性除了提高玩家层面的乐趣以外，更重要的是延长自己游戏的时间。平衡性差的游戏，玩家一定不会投入太多精力。

单纯地说平衡性，也有很多层面的差异。一般认为平衡性有两种：一种是**感知层面的平衡性**，也就是不需要真正意义上的平衡，只要玩家觉得比较平衡就可以了，*DOTA 2* 就是这一类，并且做得非常出色；另一种是**数值层面的平衡性**，一般只存在于机制较少的游戏里，比如传统的回合制 JRPG，几乎就是纯粹的数学计算，那么在数值层面几乎可以做到平衡，而机制比较复杂的游戏，数值层面的平衡很难设计，而且并不是那么重要。但对于绝大多数的游戏来说，这两种平衡要尽可能同时满足。

说回《英雄联盟》。

很多人认为这种小调整导致的蝴蝶效应是游戏平衡性糟糕的表现，现实正好相反，**游戏内越容易出现这种蝴蝶效应说明平衡性的细节做得越好，证明游戏的系统非常敏感，一点儿细微调整都会引起全局的震动。**而大量调整了细节，但游戏内的生态还没有变化，那么原有的生态肯定是极为不平衡的。如果不理解的话可以想象一下天平，你加一根羽毛就会让整个天平倾斜到另外一边，和你加一个铅块也不会让天平倾斜到另外一边，显然前者的原始状态距离平衡更近一些。当然，这里也不是说 *DOTA 2* 的平衡性不好，*DOTA 2* 的平衡性相当出色，但是 *DOTA 2* 的整体游戏节奏偏慢，角色的生存能力较强，所以游戏的系统对战斗层面机制的平衡性不敏感，如果 *DOTA 2* 的技能伤害全部加倍，那我们就能看出敏感度了。

《英雄联盟》这种有超过 140 个英雄、上百种机制的游戏，想要实现绝对平衡是完全不可能的。就连宫本茂这种殿堂级的制作人在制作《马力欧银河》的时候也感叹过，内容越复杂的游戏，难度调整也越困难。当机制复杂到《英雄联盟》的程度，有时只能达到相对的动态平衡，时不时调整一点儿版本细节，让生态环境变一变。虽然有极高出场率的英雄，但是有 Ban&Pick 机制存在，也不会出现完全无法处理的问题。另外，还存在一个几乎不可能完全解决的问题，即玩家差异导致的游戏内平衡性不稳定，比如 S8 到 S9 的阿卡丽，在职业赛场上胜率一直高居前几位，甚至在 S8 全球总决赛的得胜率达到了惊人的 72.7%，导致拳头公司一直在削弱该英雄的能力。反而普通玩家平时玩游戏时，阿卡丽的胜率一直在所有英雄里垫底，甚至一度只有 40% 左右，出现了游戏行业最无解的"阿卡丽困局"。再比如 S10 中夏季赛的"惩戒之箭·韦鲁斯"也是相同的情况，该英雄的"被 Ban 率"几乎 100%，没有任何一个职业选手想看到对手选择他，甚至有职业选手喊话需要大幅度削弱该英雄的技能，而该英雄在普通玩家游戏时出场率一般，胜率排在 ADC 类英雄的倒数。

因为操作水平不同，所以平衡性是动态平衡性，很多时候职业赛场上选择的英雄和平时玩家选择的英雄是正好相反的。

大部分竞技游戏会面临类似的问题。比如在很长时间里，*DOTA 2* 里的地卜师和卡尔在职业赛场和普通玩家比赛里有截然不同的效果；《魔兽争霸 3》选手 Moon 玩的暗夜精灵种族强大到被称为"第五种族"，甚至暴雪被迫修改了游戏数据，但在普通玩家平时的游戏里，暗夜精灵并不算强；很多《炉石传说》或者《皇室战争》的玩家会选择复制获奖选手的卡组，但结果是胜率非常糟糕。

导致这种结果的原因无非四点：一是职业选手和业余玩家对于不同英雄的操作上限是截然不同的，阿卡丽就是这种英雄；二是不同的人对某种类型的英雄或者打法可能有不同的操作上限和喜好，Moon 的暗夜精灵就是这种情况；三是在《英雄联盟》这种团队游戏里，一个英雄的强度和队友选用的英雄是直接相关的，韦鲁斯就是这种英雄；第四点是最容易被忽视的，就是设备的差异，这点对于《王者荣耀》来说十分重要，比如网络的状况、手机屏幕的大小，如果玩家没什么概念的话，可以试试分别在 iPad 和手机上玩《王者荣耀》，会感觉这是两款不同的游戏。而对于《英雄联盟》这类 PC 游戏来说，设备差异的影响就会很小。但因为设备多少还是会有些差异，所以大多数职业赛事会强制要求选手使用统一的设备，一般只有鼠标和键盘允许玩家自己携带。

在英雄联盟 S10 总决赛上，还出现了一个很奇怪的"莉莉娅效应"。"含羞蓓蕾·莉莉娅"是《英雄联盟》里的一名"打野"英雄，在 S10 总决赛前推出，第一时间就被认为机制和属性都非常强。在入围赛阶段，这个英雄的胜率极低，甚至一开始就出现了五连败。最终胜率也只有 31.2%，在所有非 0 胜率英雄里排倒数第二名。但是这个英雄的被禁率和出场率都排到了正数第二名，也就是说，这是一个没人想在对方阵营看到，如果可以用自己也会抢，但胜率就是不高的英雄。在入围赛期间，围绕这个英雄产生了巨大的争议，这种极低胜率和极高出场率的差异让玩家不理解为什么大家如此热衷于选择她。进入世界赛正赛以后，这个质疑立刻就消失了，因为莉莉娅的胜率得到了大幅度提升，证明了这是一个真正的强力英雄。之所以有这么明显的改变，就是因为莉莉娅非常依赖团队协作，低水平队伍团队协作能力差，莉莉娅就成为团队的短板；当进入正赛，都是强队，协作能力强时，莉莉娅就变成了团队的提升点。

图 14-1　莉莉娅出场率高但胜率低一度让玩家不理解

　　游戏的开发团队要维持这些截然不同的玩家类型和设备的相对平衡性，

这也决定了根本不存在绝对的平衡。

《英雄联盟》的公共资源机制满足了前文提到过的要让玩家一直有选择余地的要求。比如 S10 时游戏前期需要争夺小龙和峡谷的先锋资源，在正常平稳发育的比赛里，基本是双方各选择一个，需要前期游戏节奏的选择峡谷先锋，因为可以配合塔的镀层机制在前期获得金钱收益；需要后期强势的选择小龙资源，因为可以获得永久性的加强，尤其在获得四条小龙以后的加强会让对方很难翻盘。游戏后期又存在男爵和远古巨龙两个更强大的公共资源，男爵可以让我方获得兵线优势，而远古巨龙对团战更有帮助。也就是说，只要玩家在游戏内运营出色的话，都可以通过控制公共资源获取巨大的优势，甚至彻底翻盘。同时，游戏内因为有惩戒技能，这个技能会对公共资源里的野怪造成大量真实伤害，所以玩家甚至可能在处于极大劣势的情况下，靠着我方"打野"抢到对方某个野怪直接翻盘，这在职业赛场上也可以时常看到。

讲了这么多，这里也要有一个总结，像《英雄联盟》，或者 MOBA 之类的多人对战游戏的动态平衡到底要做到什么程度才算是好的？

要满足三点。一是游戏内容尽可能多样性，让更多的英雄和战术打法出现在游戏赛场上，这一点《英雄联盟》至今做得都不够好，游戏赛场中英雄的重复度比较高，所以制作团队会频繁微调游戏内的数值和小机制，尽可能让更多的英雄出场；二是保证游戏的公平性，《英雄联盟》在这方面整体来说做得都比较出色，哪怕英雄和打法过于单一的特殊时代，至少相对公平是可以保证的；三是确保各阶层玩家都有参与感，如果说前两点 DOTA 2 做得都要好过《英雄联盟》，在这一点上《英雄联盟》就要远远好过 DOTA 2 了，无论新人玩家，还是高水平的职业选手，都可以找到自己喜欢的英雄、位置和打法，并且不会有单一的挫败感。

一款好的对战类游戏，也一定会尽可能地满足上面三点要求。

事实上，《英雄联盟》之所以会有改变生态环境的各种调整，除了平衡性还可以从另外一个角度解释。一款电子游戏有三个主要的阶段，分别是**入门上手、熟悉游戏规则和机制、游戏时间**。

在绝大多数游戏里，前两阶段尽可能缩短，第三阶段尽可能延长，尤其是电子竞技游戏，必须尽可能缩短玩家的学习时间，让玩家可以尽早体验游戏本身。但是前文也提出过一个很重要的观点，就是电子游戏是一系列选择的集合，对于玩家来说，**选择越不可预期，越新鲜，那么游戏的吸引力越强**。而当第一和第二阶段很快结束，第三阶段又因为游戏内容欠缺越来越缺乏吸引力的时候，游戏自然而然就走向了生命的末期。

《英雄联盟》之所以增加新英雄，调整游戏生态环境，本质上是当玩家进入第三阶段以后，再强行创造一个第二阶段让玩家学习，之后进入一个新的第三阶段体验，这里只要保证第二阶段的体验不是过于痛苦就好。并且，在整个游戏的生命周期里一直重复这个过程。这里有个典型的反例。《守望先锋》在游戏上线时被认为是一款让人着迷的游戏，但是在之后口碑出现了断崖式下滑，这背后最主要的原因就是游戏的更新和生态调整实在太少。直至目前，《守望先锋》已经上线超过 4 年，却只有 32 名英雄，而几乎同时间上线的《王者荣耀》的英雄数量已经达到了 101 名。

当然，这里也有一个个例，就是《反恐精英》，游戏的生态环境并没有太大的调整，大家还一直不离不弃，主要的原因就是游戏给玩家提供了足够多的选择。在《反恐精英》里没有明确的职业限制，不需要遵守《守望先锋》里 303 或者 312 的战术体系，在这种相对自由的环境下选择更多，也就延长了第三阶段的时间。

从结果来说，在长达十年的时间里，《英雄联盟》一直是全世界最火爆的电子竞技游戏，也可以说明这种相对动态的调整机制是成功的。

这里说个有趣的题外话。《英雄联盟》一直有一个无法解释的测试结果，那就是玩家不做任何干预的情况下，让双方小兵互相进攻，永远是蓝方获胜。一直到 2020 年，拳头公司才发现这个情况产生的主要原因是蓝方的炮车兵比红方多了"20 点"的射程，也就相当于蓝方炮车会早攻击，而这个问题从游戏内测时就存在，用了 11 年才被发现。

可能对于大部分公司来说，平衡性测试没有想象中的那么严肃。

隐藏机制

我在本书的一开始提到过，机制是隐秘的，甚至有些机制可以不被玩家发掘。

隐藏机制可以很小。

在《塞尔达传说：旷野之息》里，玩家走路的过程中会有上百种不同的步伐组合，比如穿不同的鞋子、踩到不同的土地类型上、背不同的盾牌与剑，都会产生不同的声音效果。这种不同的声音效果的变化其实大部分玩家意识不到，但十分重要。游戏里的地图非常大，除了场景和背景音乐的转换以外，不同的声音也会给玩家带来不同的体验，缓解玩家的疲劳感。同时，这款游戏在声音细节上已经做到了游戏行业最顶尖的水平，比如当玩家穿上潜行衣的时候，盾牌、剑和衣服互相摩擦的声音会降低，但如果仔细听就可以发现，并不只是音量降低了，整个声音都重新录制了，听起来像是真的穿上了某种更加光滑、摩擦声音很小的衣服一样。而这种细微的声音变化也是暗示玩家，此时操作林克应更加谨慎，玩家的注意力也会更加集中。

除了走路声以外，《塞尔达传说：旷野之息》里和声音有关的所有设计都是游戏行业的最高水平。比如游戏进入不同场景会有不同的背景音乐，甚至昼夜交替也有不同的背景音乐。如果仔细听的话，会发现这个背景音乐的切换并不是停掉上一首然后播放下一首，而是无缝衔接，这是因为游戏里的所有音乐都考虑了这个问题，切换在演奏层面毫无痕迹，以非常自然的方式过渡到了下一首。这种设置就让背景音乐没有抽离感，让玩家感觉背景音乐仿佛是游戏里身边的某个人演奏的一样，是游戏世界的一部分。

战斗场景也是如此，《塞尔达传说：旷野之息》里的战斗背景音乐和战斗内容是直接挂钩的，当你做出某些战斗操作以后，背景音乐会有调整，这里指的不是打击音效，而是音乐。这会让玩家感觉战斗环节的背景音乐更像是战歌，在时刻和你互动。

日本公司很喜欢在隐藏机制上下功夫。

比如游戏的移动机制也可以根据游戏的需求进行调整，例如《生化危机 4》加入了一个很有意思的设计，在当时大多数 3D 游戏可以实现快速转身时，《生化危机 4》选择了不可以，玩家如果要后退，只能缓慢地倒退，面对着僵尸倒退。如果想要跑，只能来个 180 度相对缓慢的大转身跑，而这时候就背对僵尸了，玩家在游戏里无法面对僵尸快速后退。这就大大增强了玩家对僵尸的恐惧感，如果正面面对，只能看僵尸一步步走进，而要跑又必须背对僵尸，玩家看不到僵尸到底在做什么，所以必须要在合适的时间选择合适的行为。更重要的是，这款游戏不允许玩家在移动中射击，更增加了过程中的紧张感。

《生化危机 4》还有一个更加知名的隐藏机制，那就是游戏难度是动态调整的，如果你"死"的次数比较多，那么关卡的敌人数量就会减少。卡普空的另外一款游戏《鬼泣 3》里，敌人 AI 提供的难度等级会随着玩家的推进越来越高，但玩家如果意外死亡，那么 AI 就会直接降到最低。同样是《鬼泣》系列，只有在玩家屏幕里的敌人才会主动攻击玩家，这么设计是为了减少玩家被"放暗箭"产生的挫败感。

欧美的一些游戏公司也会做一些有意思的小设计，比如在《神秘海域》和《生化奇兵》系列里，敌人的第一枪是永远不会打中的。《网络奇兵》最后一发子弹的攻击力非常强。《神秘海域》中"走哪塌哪"的系统其实是有调整的，只要玩家匀速前进都可以正好走到安全的地方，这也是在为玩家创造成就感。《鬼泣》里屏幕外的敌人会降低攻击速度，稍微远一点儿的更是完全不会攻击。

　　机制也可以跟现实世界做交互，最有创造性的案例是《我们的太阳》里，游戏的 GBA 卡带加入了专门的感光芯片，在太阳下玩会得到加强，实际上这是强迫玩家走出门玩电子游戏的设计。

　　记住，机制是游戏设计师的诡计。

第 15 章

游戏机制的组合法

玩家的差异

世界上最早一批游戏开发者之一的理查德·巴托尔（Richard Bartle）发表过一篇名为《牌上的花色——MUD 中的玩家》的论文。这篇论文里把玩家分为四类，这个分类时至今日依然适用。这四类分别是：成就型玩家（Achievers）、探险型玩家（Explorers）、社交型玩家（Socializers）、"杀手"型玩家（Killers）。

我直接引用了原文里的解释。

- 成就型玩家将累计点数并升级作为他们的主要目标，并且所有行为都是对这有用的。为了发现珍宝，探索是必要的。对于这类玩家，探索也是一种取得点数的方式。交流是一种既能放松又能从其他玩家那里得到如何快速积累点数的方式。他们的知识可能被用于增加财富。"杀死"其他游戏角色仅仅为了消灭自己的竞争者，或者取得大量的点数（如果"杀死"其他游戏角色能获得奖励）。

- 探索型玩家喜欢揭露一些游戏中隐蔽的东西。他们尝试解释各种深奥的过程，通常会探索野外或者很多偏僻的地方，寻找有趣的特性（比如 bug），然后指出这到底是怎么回事。为了进入下一阶段的探索，积累点数是必要的，但对其而言是沉闷的，并且他们会用"半个脑子"去完成。这类玩家"杀死"怪物的速度更快，并且也可能为了自己的目的去增强自身能力。交流可能被当作为了将新的想法付诸实践而去获取信息的行为，但这些人大部分说的是一些不相关的或过时（irrelevant or old hat）的话。对他们而言，真正的乐趣来自于发现，以及完整搜寻整个地图的尝试。

- 社交型玩家的乐趣源自与人在一起，并且他们也如此认为。游戏只是一个背景，一个普通的发生在所有玩家身上的故事。玩家间的相互关系（inter-player relationship）才是重要的：与他人进行精神交流

（empathising）、相互认同（sympathising）、玩耍、娱乐、倾听别人说话，甚至就像看戏剧般地观察他人的喜怒哀乐，观察他人的成长、成熟的过程。为了明白所有人都在聊些什么，一定的探索（exploration）是必要的。点数与积分（points-scoring）是必要的，以便能与等级更高的玩家平等且优雅地畅谈（也为了取得交流中某些必要的状态）。对这类玩家而言，"杀死"其他角色是不能被原谅的行为，是冲动的行动，除非是为了惩罚那些给自己心爱的朋友带来痛苦的人。这类玩家最终需要履行之事并不是提升自己的等级也不是"杀死"一个可怜虫角色，而是去了解他人，去理解他人，并且保持美好且长久的关系。

- "杀手"型玩家将游戏中自己的人生价值建立在他人的身上。这可能是件"好事"，比如，去做好人好事，但是很少人这么做，因为游戏中的这类奖励（一点温暖，使内心舒坦）是非常不稳定的。更多的时候，这类玩家攻击其他玩家就是为了"杀死"他们在游戏中的角色（在当前的游戏中抹除他们的名字）。对他们而言，增加点数是非常必要的，他们需要取得足够强大的力量。探索也是一种发现更新、更巧妙的"杀手技巧"的途径。为了取得胜利，社交有时是值得的，例如发现某人游戏中的习惯，或者与其他"杀手"型玩家讨论战术。

特雷西·富勒顿（Tracy Fullerton）在《游戏设计梦工厂》里也提出了一种通过玩家诉求对玩家进行分类的方法，分类如下。

- 竞争型玩家：不管什么游戏都想比其他玩家玩得更好。
- 探索型玩家：对世界充满好奇心，热爱在外部世界进行冒险和探索。
- 收集型玩家：热衷于收集物品、奖励和知识，喜欢分类，对历史进行梳理等。
- 成就型玩家：为了不同级别的成就而游戏，上升通道和等级划分对这类玩家有很大的刺激作用。
- 娱乐型玩家：不喜欢严肃认真地玩游戏，仅仅是为了娱乐而娱乐；娱乐型玩家对那些认真的玩家有潜在的干扰作用，但可以在游戏生态中融入更多社交性。

- 艺术型玩家：由游戏中的创造力、创意、设计等方面所驱动的玩家。
- 指导型玩家：爱管事情、承担责任。喜欢对游戏进行干预。
- 故事型玩家：喜欢想象和创建自己所居住世界的人。
- 表演型玩家：喜欢表演和配合其他玩家。
- 工匠型玩家：热爱建设、组装，并搞明白一些复杂的事情。

美国教育学家、心理学家霍华德·加德纳（Howard Gardner）还提出过一个"多元智能"理论，这个理论认为，人类的思维和认识的方式是多元的。

- 语言智能：指人对语言的掌握和灵活运用的能力，表现为用词语思考，用词句的多种组合方式来表达复杂意义。
- 数理逻辑智能：指人对逻辑结果关系的理解、推理、表达能力，突出特征为用逻辑方法解决问题，有对数字和抽象模式的理解力，以及认识、解决问题的推理能力。
- 视觉空间智能：指人对色彩、形状、空间位置的正确感受和表达能力，突出特征为对视觉世界有准确的感知，能产生思维图像，有三维空间的思维能力，能辨别和感知空间物体之间的联系。
- 音乐韵律智能：指人的感受、辨别、记忆、表达音乐的能力，突出特征为对环境中的非言语声音，包括韵律和曲调、节奏、音高、音质比较敏感。
- 身体运动智能：指人的身体的协调性、平衡能力和运动的力量、速度、灵活性等，突出特征为利用身体交流和解决问题，熟练地进行物体操作以及需要良好动作技能的活动。
- 人际沟通智能：指对他人的表情、语言、手势动作的敏感程度以及对此做出有效反应的能力，表现为个人能觉察、体验他人的情绪、情感并做出适当的反应。

- 自我认识智能：指个体认识、洞察和反省自身的能力，突出特征为对自己的感觉和情绪敏感，了解自己的优缺点，用自己的知识来引导决策，设定目标。
- 自然观察智能：指的是观察自然的各种形态，对物体进行辨认和分类，能够洞察自然或人造系统的能力。

在游戏研究和游戏化设计领域，有大量的学者都做过对玩家进行分类的研究。还有更为细致的划分，可以把玩家分为几十种不同的类型，这些划分的本质是告诉游戏开发者：玩家的诉求是不同的。

传统的游戏立项在分析时，立项者需要分析游戏的受众人群。我见过的大部分案例描述受众人群的方法为"16 到 22 岁的在校生，男性为主"，或者"30 岁的一线城市女性，经济条件宽裕"。显而易见，这种分类方法非常错误，除非是为了投放广告，否则毫无意义。相比较而言，游戏学者对于玩家的分类更具有参考性，比如分析自己的目标受众是成就型玩家还是"杀手"型玩家或者是其他类型的玩家，然后根据可能的游戏类型玩家，找到同类玩家最喜欢的游戏里的优点，尽可能迎合这个玩家群体的喜好调整游戏。

这才是游戏立项时真正应该考虑的目标群体分类。

游戏分类的弱化

电子游戏的分类方式非常复杂和多样，传统意义上常见的游戏可以分为下面几种。

- 动作游戏（Action Game，简称 ACT）。广义上，一切有动作要素的即时交互性游戏皆属于动作游戏；狭义上则是以肢体打斗和冷兵器作为主要战斗方式的闯关类游戏。我们使用这个词时，通常指的是那些具有纯粹的动作游戏元素的游戏，也就是更为接近狭义的解释。

- 格斗游戏（Fighting Game，简称FTG）。通常是玩家双方面对面站立并相互作战，通过减少对方的血格来获取胜利。这类游戏通常要有精巧的人物与招式设定，以达到公平竞争的原则，相对而言更加注重拳脚的较量。

- 冒险游戏（Adventure Game，简称AVG）是电子游戏中最早的类型之一，主要以电脑游戏为主。此类型游戏采取玩家输入或选择指令以改变行动的形式，强调故事线索的发掘及故事剧情，主要考验玩家的观察力和分析能力。这类游戏很像角色扮演游戏，但不同的是，冒险游戏中玩家操控的游戏主角本身的等级、属性能力一般固定不变并且不会影响游戏的进程。

- 角色扮演游戏（Role-Playing Game，简称RPG）是一种玩家操控虚构世界中主角活动的电子游戏类型，起源于纸笔桌上角色扮演游戏。一般玩家控制核心游戏角色，或是队伍的多名游戏角色，通过完成一系列任务或到达主线剧情的结局来取得胜利。这类游戏的一个关键特性是角色的力量和能力会成长，同时RPG很少挑战玩家的协调性或反应能力。

- 模拟游戏（Simulation Game，简称SIM）。通过电脑模拟真实世界当中的环境与事件，提供给玩家一个近似于现实生活当中可能发生的情境的游戏，都可以称作模拟游戏。模拟游戏一般没有明确的结局。

- 策略（战略）游戏（Strategy Game，简称SLG），由模拟游戏衍生出的游戏类型，其缩写SLG也源于模拟游戏的Simulation Game。策略游戏需要玩家在某种规则内自己想办法达成目标，一般分为回合制和即时制两种类型。

- 第一人称射击游戏（First-Person Shooting Game，简称FPS）。是以玩家的第一人称视角为主视角进行的射击类电子游戏的总称，通常需要使用枪械或其他武器进行战斗。玩家直接以游戏主人公的视角观察周围环境，并进行射击、运动、对话等活动。大部分第一人称射击游戏会采用三维或伪三维技术来使玩家获得身临其境的体验，并实现多人游戏的需求。

- 竞速游戏（Racing Game）。主要是赛车游戏，以第一人称或者第三人称参与速度的竞争。

- 运动游戏（Sport Game）。是一种让玩家模拟参与专业的体育运动项目的游戏类型。包括常见的体育运动，雪上运动、篮球、高尔夫球、足球、网球等具策略性的运动较为热门。

- 音乐游戏（Music Game，简称 MUG）。玩家配合音乐与节奏做出动作来进行游戏。通常玩家做出的动作与节奏吻合即可增加得分，否则扣分或不计分。游戏的最终目的是追求没有失误。

- 益智游戏（Puzzle Game）。主要指注重解谜的智力游戏，大多智力游戏涉及用各种手段解决既定问题。

以上这些只是电子游戏的大概分类，早期这种分类是相对方便的，但现在随着游戏机制愈加复杂，我们越来越难以精准地描述一款游戏。

吉泽秀雄在《大师谈游戏设计：创意与节奏》里提到过一个很重要的概念：不以类型为出发点。事实上，从绝大多数游戏开发者的访谈里可以发现相似的观点，好的游戏在立项时都不会明确说自己具体要做一款什么类型的游戏，而是从核心玩法出发。还是说回《超级马力欧》系列，核心玩法一直是跳跃，但其实游戏形式和表现方式上有各种不同的展现形式。再比如《合金装备》系列也是一款很难定义类型的游戏，它既像射击游戏，又像动作游戏（小岛秀夫在访谈里经常提到《合金装备》是动作游戏），而一般我们都说它是一款潜行游戏，但是说游戏分类的时候也不会提到潜行游戏这么细致的类别。所以，在如今游戏市场游戏机制极为复杂的情况下，我们已经很难用一套分类系统划分游戏。

游戏的组合机制

电子游戏发展至今，已经很难用某个特定类型，甚至某个核心玩法去概括一款游戏。随着机能和开发能力的爆炸式提升，游戏的内容也变得越来越丰富，越来越复杂。在绝大多数的游戏里，我们可以看到很多其他游戏的影子。

未来，电子游戏的发展也会出现多种游戏相互融合的趋势，各种复杂的类型和机制可能会出现在同一款游戏上，复杂到玩家都很难精准地描述这款游戏。

游戏市场上有两种非常好的中间介质游戏，分别为 Roguelike 和 MOBA，这两种游戏类型非常适合和其他特殊类型的游戏融合，发展出新的游戏方式。

融合 Roguelike 的游戏一般要素有：随机化的游戏内容或者地图、无限挑战元素。比如《杀戮尖塔》就是一款卡牌融合 Roguelike 元素的游戏。

图 15-1　《杀戮尖塔》成功地在卡牌游戏里加入了 Roguelike 元素

融合 MOBA 的游戏的要素一般有：多人游戏、丰富的技能组合、明确的任务划分。其中《守望先锋》就是典型的在射击游戏里加入 MOBA 元素的游戏。

近些年还出现了另外一种被广泛使用的游戏机制——"吃鸡"，也就是"大逃杀"，把一群人圈在某个范围内让他们"互相厮杀"。*Apex* 就是"大逃杀 +MOBA"两种思路融合的游戏，而《堡垒之夜》在"吃鸡"游戏里加入了建造环节。

未来的游戏市场一定是这种游戏类型的大融合，以某类游戏为基础，加入新的机制。

后记

游戏与生活

在我写本书之前，我的一个朋友曾说自己 30 多岁，工作和生活皆一事无成，那种感觉就像是在游戏里打到了一半的地方，结果发现一件高级装备都没有，甚至技能点都点错了，连个"洗点"的功能都没有。

这种感觉很多人应该都有。如果现实世界是游戏的话，那么我们玩过很多糟糕的游戏，学习和工作都是，没有人能够对自己做过的所有事情都满意。

而电子游戏拥有现实世界没有的魅力，游戏毕竟不是自己的人生，你不用为做错的事情承担后果，如果缺少高级装备或者点错技能点，大不了重新开始，或者再决绝一点儿，干脆不玩了，反正这个世界上的游戏多的是。

但人生只有一次。

我之前写了三本和游戏有关的书，分别是讲中国游戏史的《中国游戏风云》、讲世界游戏产业如何赚钱的《电子游戏商业史》和一本游戏化的入门读物《游戏化思维：从激励到沉浸》。看过这三本书的朋友应该能发现，我一直在尽可能地区分游戏和现实，这一点尤其在《游戏化思维：从激励到沉浸》这本书里体现得很充分。市面上大部分游戏化书籍把游戏化说成可以解决万物矛盾的"灵丹妙药"，而我在书里不停地强调游戏化不是"银弹"，没有任何工具能够解决你在现实世界里的问题。

工具永远是工具，而生活永远是生活。

这是我这本书最后需要强调的一个问题，游戏里有非常多好玩的设计，但是不要把这些设计过多地带入自己的生活。

游戏的意义

我在写之前的三本书的时候，都会被人问到一个问题：游戏到底有什么意义？

我每次的回答都会让提问的人大失所望：一是让人开心，二是没意义。

这个问题的背后其实是一种很传统的思考问题的方式，即非常喜欢给一件事找一个意义，这个意义最好是积极向上的，最好是教育意义。我们从小到大上学都经历过这些，你去看小说，父母会问你这有什么用；你去看电影，老师会说这是浪费时间；你去玩游戏，那更惨了，他们会说你要学坏了。

这种思维方式又把很多游戏从业者带向一个奇怪的方向，他们总是奢望给游戏找一些意义。比如可以锻炼大脑，这大概可以；比如可以学到知识，这可能也可以，但是效率肯定特别低；比如可以治疗疾病，这个我就不懂了。

这也是国内大部分研究游戏的学者主要在做的事情。

这也是我最讨厌的一件事。

为什么不能挺直腰杆说"我玩游戏就是因为游戏好玩，游戏存在就是为了娱乐"？

游戏与商业

中国的游戏行业本质上是互联网行业，游戏公司的决策主要是以流量为导向的决策，而不是以产品为导向。这和绝大多数互联网公司一样，从结果来看并不能说差，毕竟创造了世界上最大的游戏市场，但结果也造成了前些年中国的游戏产业一直在一条死胡同里徘徊。一线的开发者没有话语权，游戏公司想的都是怎么低价获取流量，导致游戏产业高度同质化的问题长期存在。

在我写《中国游戏风云》时，国内游戏产业几乎达到了同质化的顶峰，当市场上出现一款"爆款"以后，就有成百上千的类似产品开始研发并投入市场。市场上甚至形成了一种奇怪的风气，大家不是批评抄袭者，而是嘲笑抄袭抄得慢的。这也是那些年中国游戏产业最让人痛心的地方。

但是在这浓重的消极氛围里，还有一些值得让人肯定的事情。比如一批独立游戏开发者的崛起，还有包括腾讯在内一些大的互联网公司开始尝试创新，这也是难能可贵的。

但在这个过程中，一大批中国玩家已经丢失了对于游戏最纯粹的喜爱。

电子游戏本质上是商品，赚钱是最高利益，所以公司只做赚钱的游戏并没有任何不妥。但是对于市场而言这似乎是不可持续的，一个健康的市场一定是做好游戏，好游戏赚钱，然后继续做好游戏。按照游戏设计的说法，这就形成了一个游戏的核心循环。

这也是我对未来中国游戏市场最大的期许。

游戏机制检查表

最后，提供一些我在写本书时整理的一种游戏机制设计好以后开发者需要思考的问题，无论是游戏设计师还是玩家，都可以把它当作一个检查表。

1. 设计这个机制的目的是什么？

2. 这个目的是不是必需的？

3. 你的机制会让玩家产生哪些行为？

4. 通常行为和极限情况下的行为分别是什么？

5. 这些行为符合你的预期吗？

6. 这个机制有没有做到和其他机制有所关联？

7. 这个机制和其他机制的关联是契合的还是对立的？

8. 无论是契合还是对立，是不是都是有趣的？